中等职业教育"十二五"规划教材

建筑 CAD 基础教程

主　编　邱　玲　张振华　于淑莉
副主编　张红缨　姚　宏　尤正平

中国建材工业出版社

图书在版编目(CIP)数据

建筑 CAD 基础教程／邱玲，张振华，于淑莉主编. —
北京：中国建材工业出版社，2013.2（2022.9 重印）
中等职业教育"十二五"规划教材
ISBN 978-7-5160-0380-0

Ⅰ.①建…　Ⅱ.①邱…②张…③于…　Ⅲ.①建筑设
计－计算机辅助设计－应用软件－中等专业学校－教材
Ⅳ.①TU201.4

中国版本图书馆CIP数据核字(2013)第011138号

内 容 简 介

本书是根据最新推出的中望 CAD 编写而成，全书共分十九个模块，每个模块都有对应的项目，每个项目下又设有相应的任务，并改变了以往单一的命令讲解，编者把命令的使用贯穿在每个任务中，学生通过完成任务，掌握命令的功能。模块后配有拓展训练，丰富的习题内容，便于学生掌握。

本书以建筑制图和建筑识图为主，以典型案例为经线，以绘图技术及软件命令应用为纬线。由浅入深、由简单到复杂、由单一到全面地介绍了绘图技术技巧，使学生能够轻松掌握绘图的全过程。

本书适合作为中等职业学校建筑、土木工程及工程测量等相关专业计算机辅助软件教材，也可作为"全国职业院校技能大赛中职组建筑 CAD 赛项"辅导培训教材，还可作为相关从业人员学习 CAD 软件的指导书。

本书有配套课件，读者可登录我社网站免费下载。

建筑 CAD 基础教程

邱 玲　张振华　于淑莉　主编

出版发行：中国建材工业出版社
地　　址：北京市海淀区三里河路 11 号
邮　　编：100831
经　　销：全国各地新华书店
印　　刷：北京雁林吉兆印刷有限公司
开　　本：787mm×1092mm　1/16
印　　张：17.5
字　　数：430 千字
版　　次：2013 年 2 月第 1 版
印　　次：2022 年 9 月第 10 次
定　　价：**43.00 元**

本社网址：www.jccbs.com.cn　　微信公众号：zgjcgycbs
本书如出现印装质量问题，由我社发行部负责调换。联系电话：(010) 57811387

前　言

为贯彻落实全国教育工作会议精神,根据《国家中长期教育改革和发展规划纲要(2010—2020年)》,使接受职业教育的学生能够尽快适应企业要求,成为更好地服务于经济建设与社会发展的实用型人才,我们在编写过程中坚持"以服务为宗旨,以就业为导向,以能力为本位"的职业教育办学指导思想。因此,本教材具有以下几方面的特点:

一是校企合作开发。本教材是学校与广州中望龙腾软件股份有限公司共同开发。教材以我们多年总结的教学实践经验及积累的大量课堂教学案例,参照最新推出的中望CAD编写而成。

二是易学易懂,强调实用性。本教材编写以建筑制图和建筑识图为主,以典型案例为经线,以绘图技术及软件命令应用为纬线。由浅入深、由简单到复杂、由单一到全面地介绍了绘图技术技巧,使学生能够轻松掌握绘图的全过程。

三是便于教学,强调操作性。本教材在编写时采用模块结构,既循序渐进,又相对独立,教师在课堂上可根据实际情况,既可以采用连续的模块,也可精选部分模块来完成教学;学生在学习过程中也可以根据自己的具体情况进行灵活调整,使教与学具有更强的可操作性。

四是内容丰富,强调拓展性。本教材共分十九个模块,每个模块都有对应的项目,每个项目下又设有相应的任务,命令的使用始终贯穿于每个任务中,以工作任务为切入点,强调"做中教,做中学"以培养学生的职业行为能力。为拓展知识面,本教材模块后配有拓展训练,以培养学生知识迁移能力。

五是技巧性强。本教材在编写过程中,把编者在实践中积累的绘制图形的技巧通过"小提示"的形式体现出来,以便提高读者的绘图效率。

六是独特性。本教材在模块十八中单独介绍了中望CAD独有的扩展工具,并在模块十九中简单介绍了中望CAD建筑版,方便用户进一步了解和学习中望CAD。

本教材由邱玲、张振华、于淑莉担任主编,张红缨、姚宏、尤正平担任副主编。本教材是集体智慧的结晶,其中模块一由王翠凤编写、模块二由邱玲编写、模块三由马英编写、模块四由李茜编写、模块五由姚宏编写、模块六由李秋编写、模块七由尤正平编写、模块八由郭聿荃编写、模块九由郭继和编写、模块十由周洪靖编写、模块十一由张振华编写、模块十二由赵立永编写、模块十三和模块十六由张华编写、模块十四由于淑莉编写、模块十五由张红缨编写、模块十七由隋振宇编写、模块十八由辛勔编写、模块十九由董锴编写，邱玲负责全书统稿。

本教材适合作为中等职业学校建筑、土木工程及工程测量等相关专业计算机辅助软件教材，也可作为"全国职业院校技能大赛中职组建筑 CAD 赛项"辅导培训教材，还可作为相关从业人员学习 CAD 软件的指导书。

本教材在编写过程中参考了大量同仁的观点、已出版的教材和广州中望龙腾软件股份有限公司的相关资料，长春市职业与成人教育研究指导中心、广州中望龙腾软件股份有限公司、中国建材工业出版社等给予了大力支持并提出了许多宝贵的意见，在此一并表示衷心的感谢！

由于时间仓促，编者水平有限，书中难免有不足和疏漏之处，敬请广大读者批评指正。

编　者

2012 年 12 月

目　　录

教学目标：

☆ 了解中望 CAD 的发展历史；
☆ 熟悉中望 CAD 工作界面的组成，并且理解各组成部分的功能；
☆ 掌握中望 CAD 命令的输入方法；
☆ 熟练掌握中望 CAD 文件的新建与保存。

教学重点：

☆ 熟悉中望 CAD 命令的输入方法；
☆ 熟练掌握中望 CAD 文件的新建与保存。

教学难点：

☆ 中望 CAD 文件的新建。

模块一　中望 CAD 概述

　　该模块是本课程学习的基础，熟悉工作界面的组成、基本组成部分的功能和命令的输入方法，了解各组成部分的功能是学好本课程的关键。

项目一　中望 CAD 的发展历史

　　中望 CAD 是由广州中望龙腾软件股份有限公司在 2002 年推出自主知识产权的 CAD 软件。根据使用行业的实际应用特点进行深度开发，适用于园林、建筑、装饰、规划、测绘、服装、模具、机械、造船、汽车、电力、电子等多个行业的工程制图。

　　历经十多年的开发拓展，2008 年 12 月中望 CAD 2009 版正式推出，2010 年 3 月，中望 CAD 2010 版面向全球同步发布，现在已推出全新的二维 CAD 平台软件，中望 CAD 具有高度的 CAD 兼容性、稳定性，并以人性化的 Ribbon（功能区）界面，让界面更清晰，使用更便捷，同时可以切换 CAD 经典界面，保持原有 AutoCAD 用户使用习惯。

小提示：

　　中望 CAD 与 AutoCAD 的文件交流不需要进行转换，中望 CAD 以 DWG 作为内部工作文件，支持 AutoCAD 所有版本的 DWG 文件和 DXF 文件，并且可以在 AutoCAD 软件相应版本中直接打开、编辑和保存。

项目二　中望 CAD 的工作界面

　　为了方便用户更快、更直接地了解和熟悉中望 CAD，这里选择了最新中望 CAD 简体中文版的经典界面,希望通过介绍中望 CAD 的工作界面各组成部分和功能,用户可以根据自己的使用习惯和绘图的需要来设计中望 CAD 的工作界面。

双击桌面上的"中望 CAD"快捷图标(图 1-1),启动中望 CAD,进入系统默认的工作界面,如图 1-2 所示。

图 1-1 中望快捷图标

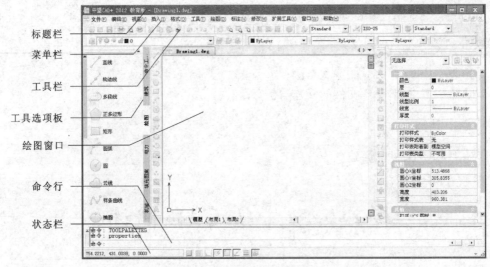

图 1-2 "中望 CAD"工作界面

中望 CAD 工作界面主要由标题栏、菜单栏、工具栏、工具选项板、绘图窗口、十字光标、坐标系图标、模型选项卡、布局选项卡、滚动条、命令行窗口、状态栏等组成。

一、标题栏

标题栏用于显示当前使用软件的版本及开启文件的名称,如图 1-3 所示。

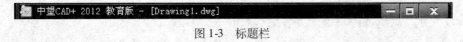

图 1-3 标题栏

二、菜单栏

菜单栏位于标题栏下方,中望 CAD 所有的绘图命令都可以通过菜单栏实现。其中包括文件、编辑、视图、插入、格式、工具、绘图、标注、修改、扩展工具、窗口、帮助共 12 个菜单项,如图 1-4 所示,并且各个菜单都包含相对应的子菜单。

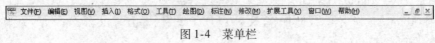

图 1-4 菜单栏

1. 开启对应的下拉菜单

方法 1:在菜单项上单击会出现相对应的下拉菜单。

方法 2:利用快捷键的方式开启相对应的下拉菜单。按【Alt】键加上对应菜单括号后面的字母开启下拉菜单。

例如:打开"编辑"的下拉菜单,如图 1-5 所示。

可以通过菜单栏打开:单击"编辑"菜单;还可以通过快捷键输入:【Alt + E】。

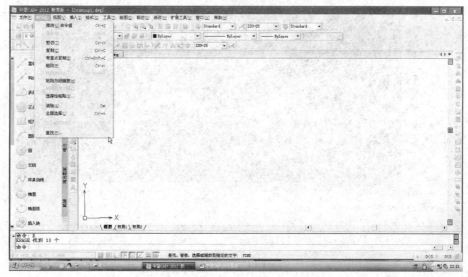

图 1-5　"编辑"菜单栏

2. 级联菜单

在下拉菜单中出现黑色三角形▶的菜单选项,当鼠标滑过时会自动显示子菜单。

任务一:通过菜单栏或者快捷键的方式将默认肤色为黑色的工作界面,更换为亮蓝色,如图 1-6 和图 1-7 所示。

方法 1:菜单栏输入:视图→显示→皮肤→亮蓝。

方法 2:快捷键输入:【Alt + V】→【L】→【S】→【L】。

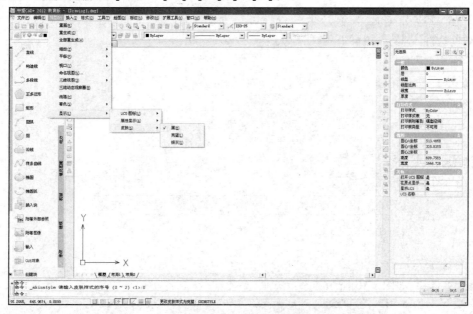

图 1-6　更换工作界面肤色

3

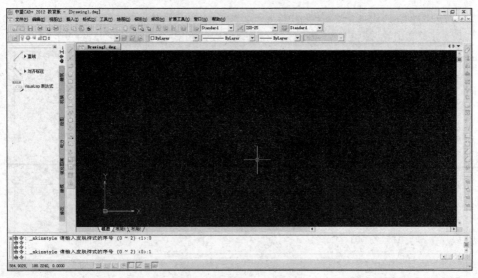

图 1-7　亮蓝色工作界面

小提示：

当开启多个文件，需要同时操作时，可以通过菜单栏"窗口"中的层叠、水平平铺和垂直平铺，进行布置绘图窗口。

虽然通过菜单栏可以完成所有命令，但是在绘图过程中，使用菜单栏选择绘图工具，会大大降低绘图速度，建议在工作过程要养成使用命令行输入和快捷键操作的习惯。

三、工具栏

在中望 CAD 中共有 35 个工具栏，系统默认界面只显示标准工具栏、绘图工具栏、修改工具栏、对象特性工具栏、图层工具栏、样式工具栏 6 个常用工具栏。

1. 标准工具栏

标准工具栏，如图 1-8 所示。

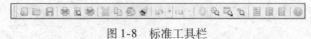

图 1-8　标准工具栏

2. 绘图工具栏

绘图工具栏，如图 1-9 所示。

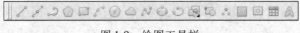

图 1-9　绘图工具栏

3. 修改工具栏

修改工具栏，如图 1-10 所示。

图 1-10　修改工具栏

4. 对象特性工具栏

对象特性工具栏，如图 1-11 所示。

图 1-11　对象特性工具栏

5. 图层工具栏

图层工具栏，如图 1-12 所示。

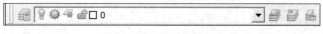

图 1-12　图层工具栏

6. 样式工具栏

样式工具栏，如图 1-13 所示。

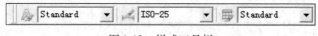

图 1-13　样式工具栏

开启或隐藏工具栏，可以通过以下三种方式打开：

① 命令：TOOLBAR 简写 TO。

② 菜单：工具→自定义→工具栏。

③ 工具栏：在任意工具条上右击，滑动鼠标，选中需要开启或隐藏的工具栏，如图 1-14 和图 1-15 所示。

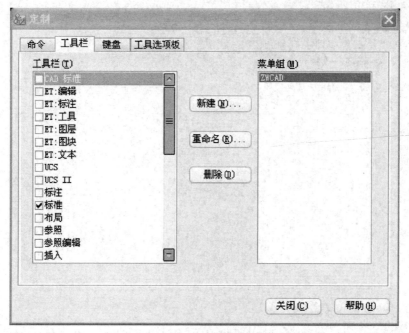

图 1-14　"工具栏"选项卡

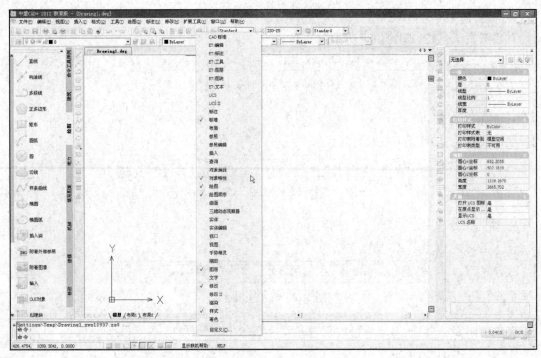

图 1-15　开启工具栏

任务二：在默认工作界面下，关闭绘图工具栏，将修改工具栏移动到绘图工具栏原有的位置，再打开标注工具栏放置到绘图窗口的任意位置，如图 1-16 所示。

方法 1：如图 1-17 所示。

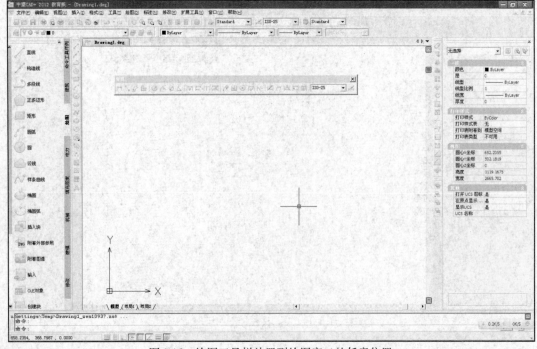

图 1-16　绘图工具栏放置到绘图窗口的任意位置

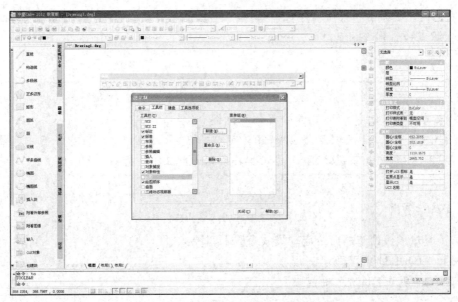

图 1-17 打开"定制"对话框

① 命令:TO,打开"定制"对话框。

② 选择"工具栏"选项卡,选中"标注"复选框,取消选中"绘图"复选框,关闭"定制"对话框。

③ 在修改工具条的边缘按住鼠标左键,拖动到绘图工具条原有的位置上。调整标准工具条的位置,将其放置到绘图窗口。

方法 2:

① 工具栏输入:在任意工具条的边缘上右击,滑动鼠标,取消选中"绘图"工具条,选中"标注"工具条,如图 1-18 所示。

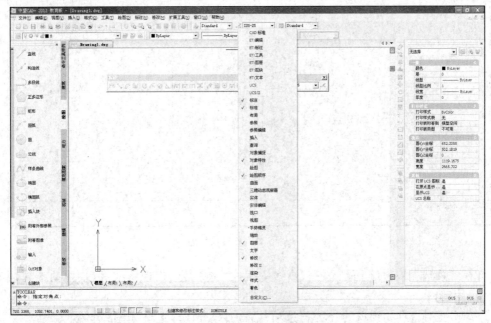

图 1-18 任意工具条边缘右击

② 在修改工具条的边缘按住鼠标左键,拖动到绘图工具条原有的位置上。调整标准工具条的位置,将其放置到绘图窗口。

小提示:

> 当鼠标滑过工具栏上的命令按钮时,系统会显示该命令的名称和对应的快捷键的注释信息,以便用户确认命令,在单击命令按钮后执行命令。
>
> 中望 CAD 中的工具栏具有浮动性,用户可以根据自己的使用习惯,在任意工具条的边缘,按住鼠标左键,当出现虚线框后,拖动工具条到屏幕上任何想要放置的位置上。

四、工具选项板

打开工具选项板窗口的命令启动方式有以下四种:

① 命令:TOOLPALETTES。

② 菜单:工具→工具选项板窗口。

③ 工具栏:标准工具栏中的工具选项板按钮 ▤。

④ 快捷键:【Ctrl + 3】。

任务三:将工具选项板窗口移动到绘图窗口,变换"建筑"与"绘图"选项的位置,并将建筑选项的视图样式更改为图标,如图 1-19 所示。

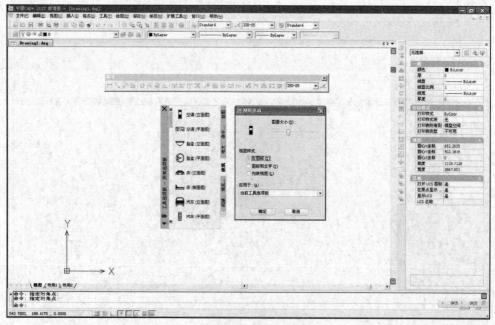

图 1-19　移动工具选项板窗口

① 在工具选项板窗口上边缘的双横线上按住鼠标左键,出现虚线框后,拖动工具选项板窗口到绘图窗口。

② 单击工具选项板窗口的"绘图"选项并右击,打开快捷菜单,单击"上移"。

③ 单击工具选项板窗口的"建筑"选项并右击,打开快捷菜单,单击"下移",然后再右击,

选择"视图选项",在视图样式下,选择"仅图标",单击"确定"按钮,完成任务。

小提示:

> 　　右击工具选项板窗口中的选项卡,弹出相应的快捷菜单,用户可以上下移动当前选项卡的位置、删除或更改当前选项板的名称或者新建一个选项板。工具选项板窗口可以通过拖动选择固定或悬浮在ZWCAD程序中,但只支持将选项板附着到绘图区域左侧或右侧。当工具选项卡处于悬浮状态时,在选项板的空白区域右击,右键菜单将在上面的基础上新增"透明度"选项。
>
> 　　工具选项板窗口也可通过快捷键【Ctrl + 3】的方式,进行关闭和开启,在使用过程中更便捷。

五、绘图窗口

绘图窗口是中望CAD进行绘制、显示和观察图形的重要工作区域。在绘图窗口的内部和边框的边缘分别设有十字光标、坐标系图标、"模型"选项卡、"布局"选项卡、滚动条等,如图1-20所示。

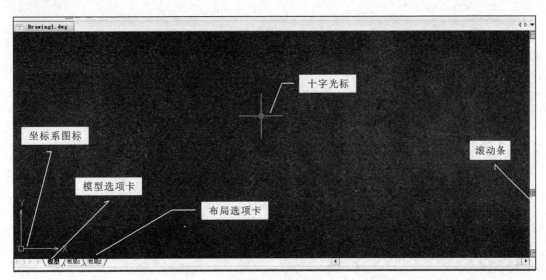

图1-20　绘图窗口

1. 十字光标

十字光标主要进行选择和移动对象,并且显示当前工作点在坐标系中的位置。

2. 坐标系图标

在绘图区域的左下角带有 X、Y 水平垂直走向的箭头图标为坐标系图标,主要用于绘制点的参照坐标系。用户可以根据绘图需要进行开启和关闭。

开启与关闭的坐标系图标的方法:

菜单输入:视图→显示→ UCS 图标→选择"开"选项,如图1-21所示。

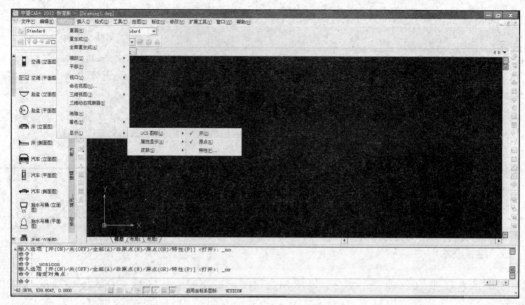

图 1-21　打开坐标系图标

3."模型"选项卡

在中望 CAD 绘图窗口的左下角设置了"模型"和"布局"选项卡,系统默认显示"模型"选项卡下的模型空间,用户可以在这个界面下绘制和修改图形,并且这个绘图区域没有最大界限,可通过缩放功能进行放大和缩小。

4."布局"选项卡

选择"布局"选项卡,从模型空间转换到布局空间,主要用于打印出图,并且在布局空间可以设定不同规格的图纸。

5. 滚动条

用户可以拖动绘图窗口的右侧和下方提供的水平与垂直的滚动条对图形进行浏览。

六、选项卡

选项卡用于显示当前开启文件的名称,如图 1-22 所示,在选项卡的空白处右击,可以新建或打开文件。

开启与隐藏选项卡的方法:在工具栏的空白处右击,选择或取消选择选项卡。

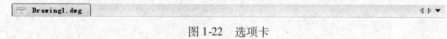

图 1-22　选项卡

七、命令行窗口

在中望 CAD 中命令行窗口由两部分组成,包括命令提示行和命令历史窗口。

命令行:用于输入命令,输入结束后通过按【Enter】键或【Space】键,执行命令。

命令历史窗口:用于保存中望 CAD 当前文件中所有执行过的命令,如图 1-23 所示,可以通过拖动边缘线的方式调整命令历史窗口的大小。

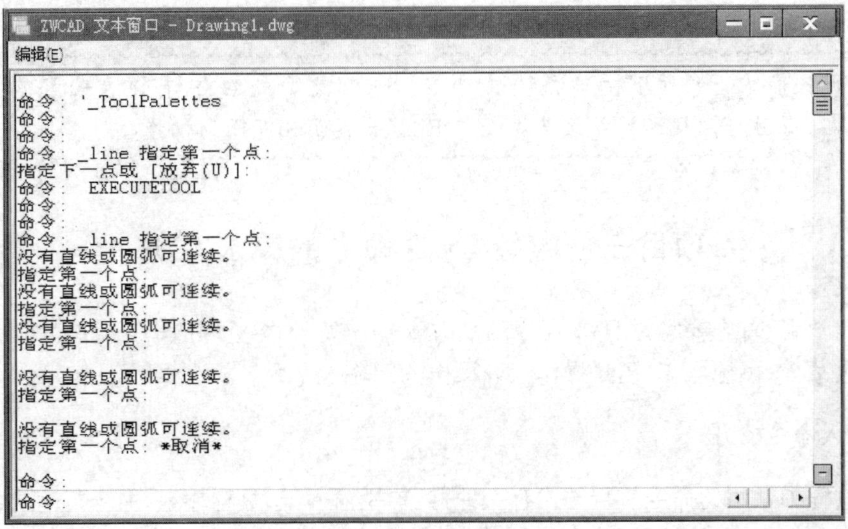

图 1-23　命令行窗口

任务四：开启或隐藏命令行窗口。

方法1：菜单栏输入：工具→命令行。

方法2：工具栏输入：在工具栏空白处单击→选择命令行。

方法3：快捷键输入：【Ctrl +9】。

小提示：

　　鼠标上下拖动命令行上方的双横线，可以调节命令行窗口的大小，并且通过【F2】键，可以打开独立的命令行文本窗口，方便用户查阅操作过的命令。

八、状态栏

状态栏下设有提示行和辅助功能区，如图 1-24 所示。

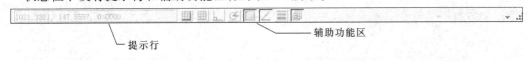

提示行　　　　　　　　　　　　辅助功能区

图 1-24　状态栏

1. 提示行

提示行用于显示当前十字光标在空间中的精确位置。用户可以通过【F6】键开启或关闭坐标系。

2. 辅助功能区

提示行右侧为辅助功能区，主要包括捕捉模式、栅格显示、正交模式、极轴追踪、对象捕捉、对象捕捉追踪、显示隐藏线宽、模型或图纸空间等 8 项辅助功能，这些功能主要用于帮助用户更精确的绘制图形，当鼠标滑过这些功能按钮时，会提示相对应的功能名称，单击后可以进行开启和关闭的切换。

小提示：

> 单击状态栏右下角的下拉三角形，或者在状态栏空白处右击，可以在子菜单中开启或关闭状态栏，并且可以快速切换经典界面与 Ribbon 界面相互间的切换。

项目三　中望 CAD 命令的输入方法

作为初学者，首先要掌握 CAD 命令的基本输入方法，才能更好地学习后面的内容，在 CAD 中主要通过菜单、鼠标操作、键盘操作三种操作方式输入命令。

一、输入命令的方式

绘图过程中常用的命令执行方式有三种：菜单栏输入、工具栏输入、命令行输入，个别命令只能通过命令行输入或对话框选择，还有部分命令除常用的三种执行方式外还可以通过快捷菜单来执行命令。无论用什么方式执行命令，都会在命令行窗口记录操作过的命令历史，以便用户查阅自己的操作信息。

1. 菜单栏输入

在菜单栏选项下，单击命令后，会在状态栏中显示当前选择命令的命令名和相对应的命令说明，如图 1-25 所示。

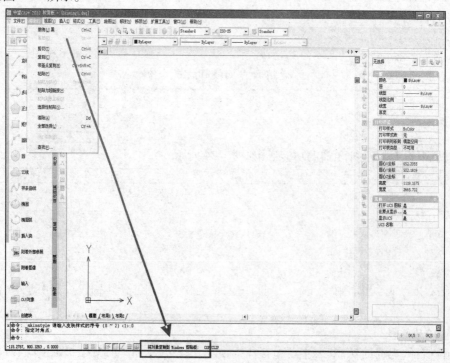

图 1-25　菜单栏输入方式

2. 工具栏输入

单击激活命令，然后在绘图窗口再次单击确定工作起点，执行命令。

3. 命令行输入

在命令行窗口中单击,闪动光标后输入命令名或命令缩写字母(命令输入以英文字符出现,不区分大小写),然后按【Enter】键或【Space】键激活命令,在绘图窗口单击后确定工作点,执行命令。

4. 快捷命令输入

在命令行窗口的空白处右击,打开快捷菜单,可在"近期使用过的命令"的子菜单中选择需要的命令,系统默认存储 6 个最近操作过的命令,如果长期使用某 6 个以内的命令,使用这种方法非常便捷,如图 1-26 所示。

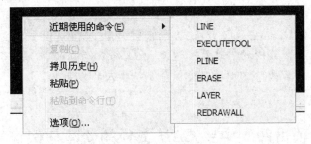

图 1-26　快捷命令输入方式

二、鼠标操作

① 左键:执行命令、选取对象、移动、定位点。
② 右键:确认、取消、重复执行上次使用的命令。
③ 中键:平移视窗(P)、放大与缩小视窗。

三、键盘操作

①【Space】键:确认执行的命令、取消、重复上次操作的命令。
一击:执行命令。
二击:取消命令。
三击:重复执行上次的命令。
②【Enter】键:与【Space】键功能相同。
③【Esc】键:取消一个正在执行的命令和取消当前选取的对象。

任务五:利用 LINE 命令绘制直线,了解 CAD 命令的输入方式,并分别执行直线命令的重复、撤销和重做。

命令行输入:LINE 简写 L。

菜单输入:绘图→直线。

工具栏输入:单击绘图工具栏中的直线按钮。

```
命令:L↙
LINE 指定第一个点:                    //用鼠标在绘图窗口中任意拾取一点
指定下一点或[放弃(U)]:               //用鼠标在绘图窗口中任意拾取一点
指定下一点或[放弃(U)]:↙             //完成绘制直线的操作
```

13

按【Space】键或【Enter】键,重复上一个命令

指定第一个点: //用鼠标在绘图窗口中任意拾取一点

指定下一点或[放弃(U)]:   //用鼠标在绘图窗口中任意拾取一点

指定下一点或[放弃(U)]:   //按【Esc】键取消命令

按【Space】键或【Enter】键,重复上一个命令

指定第一个点: //用鼠标在绘图窗口中任意拾取一点

指定下一点或[放弃(U)]:   //用鼠标在绘图窗口中任意拾取一点

指定下一点或[放弃(U)]:U↙

指定下一点或[放弃(U)]:U↙   //撤销两步操作,所画线段已被撤销

小提示:

> 在实际工作中,要求绘图的熟练度和速度,所以命令行输入命令缩写字母,可以大大增加工作效率,建议在日后的练习中要多使用命令行输入的方法。

项目四　中望 CAD 文件的新建与保存

本项目主要任务是学习中望 CAD 基本操作的内容,包括新建文件、打开文件、保存文件、退出文件。

一、新建文件

用户在开始要使用中望 CAD 绘制图形之前,首先要新建一个 CAD 文件。

新建中望 CAD 文件的命令启动方式有以下四种:

① 命令:NEW。

② 菜单栏:文件→新建。

③ 工具栏:单击标准工具栏的新建按钮 ⤴ 。

④ 快捷键:【Ctrl + N】。

图 1-27 "创建新图形"对话框

任务六:运用命令行输入命令,打开"创建新图形"对话框,选择默认设置,创建一个以公制为单位的新 CAD 图形文件。

命令:NEW,执行命令后系统弹出"创建新图形"对话框,如图 1-27 所示,在默认设置下选中"公制"单选按钮,单击"确定"按钮,系统创建新图形文件,图形名默认为 drawing1. dwg。

小提示:

> 若输入命令后,系统没有弹出"创建新图形"对话框,可以在命令行输入 STARTUP 系统变量,并将值设为 1,将 FILEDIA 系统变量值设为 1。再输入新建命令,就会弹出"创建新图形"对话框。

任务七:打开"启动"对话框,选择样板文件中 DIN A3 – Color Dependent Plot Styles. dwt,创建一个新的图形文件。

① 双击桌面上的中望 CAD 快捷图标,打开"启动"对话框,选择使用样板,如图 1-28 所示。

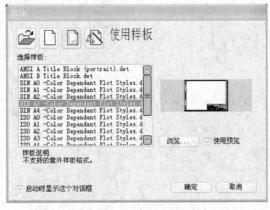

图 1-28 "使用样板"创建图形文件

② 在选择样板下,选择 DIN A3 – Color Dependent Plot Styles. dwt,单击"确定"按钮。

小提示:

样板文件的内容包括图形界限、图形单位、图层、线宽、线型、标注样式、文字样式、表格样式、布局等设置以及标题栏和绘制图框等。

图形样板文件的后缀名为 . dwt,使用样板文件可以保证各种图形文件使用的标准一致,另外用户可以根据自己的需要,把每次绘图都要重复的工作以样板文件的形式保存下来,应用时可以直接调用,避免重复性的工作,提高绘图效率。

任务八:运用菜单栏输入的方法,通过"使用向导"创建新图形,选择向导中的"快速设置",测量单位设为"小数",默认区域数值的图形文件。

① 选择"文件"菜单栏,单击"新建"按钮后弹出"创建新图形"对话框,单击"使用向导"按钮,在"选择向导"中选择"快速设置",单击"确定"按钮,如图 1-29 所示。

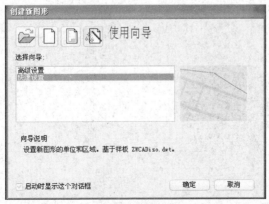

图 1-29 "使用向导"创建图形文件

② 弹出"快速设置"对话框,在"选择测量单位"下,选中"小数"单选按钮,单击"下一步"按钮,如图 1-30 所示。

③ 跳转到"区域"选项,单击"完成"按钮,如图 1-31 所示。

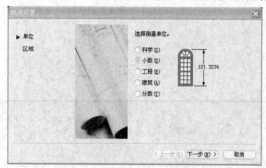

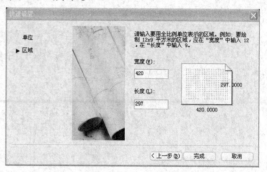

图 1-30 "快速设置"对话框   图 1-31 "区域"选项

小提示：

　　"使用向导"创建图形文件,还可以选择向导中的"高级设置"对图形文件的单位、角度、角度测量、角度方向、区域等进行精确数值的设置,通过"下一步"和"上一步"按钮完成每一页设置,在最后一页上单击"完成"按钮即可。

二、打开文件

打开文件的命令启动方式有：

① 命令:OPEN。

② 菜单:文件→打开。

③ 工具栏:单击标准工具栏的打开按钮 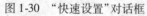 。

④ 快捷键:【Ctrl + O】。

执行命令后,弹出"选择文件"对话框,选择需要打开的文件,单击"打开"按钮,如图 1-32 所示。

图 1-32 "选择文件"对话框

三、保存文件

保存文件的命令启动方式有:

① 命令:SAVE 或 QSAVE。

② 菜单:文件→保存或另存为。

③ 工具栏:标准工具栏  。

④ 快捷键:【Ctrl + S】。

执行命令后,弹出"图形另存为"对话框,在"名称"后输入所保存的文件名,选择文件类型,单击"保存"按钮,如图 1-33 所示。

图 1-33 "图形另存为"对话框

小提示:

如果曾经保存并命名了该图形,在修改后重新保存时,系统直接用修改后的图形覆盖原图形。如果是第一次保存图形,则弹出"图形另存为"对话框。

在中望 CAD 中有三种文件格式,分别为图形文件的后缀为.dwg、模板文件的后缀为.dwt、图形交换文件的后缀为.dxf。

需要注意的是在中望 CAD 文件中,高版本的 CAD 可以打开低版本的 CAD 文件,但是低版本的 CAD 不能打开高版本的 CAD 文件,所以我们通常会将高版本的 CAD 文件另存为低版本 CAD 文件,例如将文件类型为 AutoCAD 2010(∗.dwg)图形,另存为 AutoCAD 2004(∗.dwg)图形或另存为 AutoCAD 2000(∗.dwg)图形。

任务九:将系统设置成每间隔 5min,自动保存一次当前文件。

① 在"工具"菜单中,选择"选项"选项,如图 1-34 所示。

② 选择"选项"对话框中的"打开和保存"选项卡,选中"自动保存"复选框并在"保存间隔分钟数"内输入数值 5,如图 1-35 所示。

③ 单击"确定"按钮。

图 1-34 选择"工具"菜单中的"选项"选项

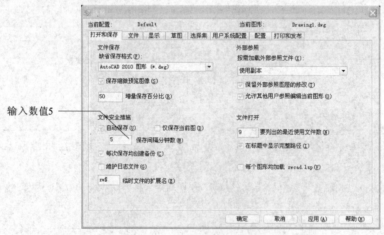

图 1-35 "打开和保存"选项卡

任务十:运用工具栏图标,选择"创建新图形"对话框中的默认设置,默认设置单位为"公制",创建一个新的图形文件,并保存名为 yangban.dwt 的样板文件,样板说明不需要填写内容。

① 命令:SAVE,弹出"图形另存为"对话框,在文件类型的下拉菜单中选择"图形样板文件",名称输入 yangban.dwt,单击"保存"按钮,如图 1-36 所示。

② 弹出"样板说明"对话框,单击"确定"按钮,如图 1-37 所示。

图 1-36　另存为 yangban. dwt

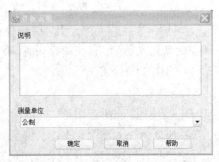

图 1-37　"样板说明"对话框

四、退出文件

退出文件的命令启动方式有：

① 命令：QUIT。

② 菜单栏：文件→退出。系统提示尚未保存的文件，是否保存修改，如图 1-38 所示。

③ 快捷键：【Alt + F4】。

④ 快捷方法：单击右上角的关闭按钮 ✕ 。

⑤ 双击左上角控制按钮 🔲 。

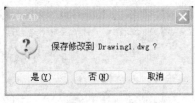

图 1-38　提示保存

小　　结

在本模块的学习中，用户熟悉了中望 CAD 工作界面的组成和各组成部分的功能，希望通过完成以上任务，能够掌握中望 CAD 命令的输入方法，并且能够熟练的对文件进行新建和保存。

拓展训练

一、填空题

1. 通过菜单栏的_____命令，可以更改工作界面的肤色。

2. 系统默认界面显示_____、_____、_____、_____、_____等六个常用工具栏。

3. 在命令行输入_____可以打开工具选项板。

4. 在中望 CAD 的绘图过程中常用的命令执行方式有三种，分别为_____、_____、_____。

二、选择题

1. 鼠标操作(　　)，可执行执行命令、选对象、移动、定位点。

A. 左键　　　　　　　　B. 中键　　　　　　　　C. 右键

2. (　　)键可以取消一个正在执行的命令。

A.【Esc】　　　　　　　B.【Space】　　　　　　C.【Enter】

3. 新建文件时，应在命令行输入(　　)命令。

A. TOOLPALETTES　　　　　　　　B. NEW

C. SAVE　　　　　　　　　　　　D. QUIT

4. 当使用"创建新图形"对话框时，若输入命令后，系统没有弹出"创建新图形"对话框，可以在命令行输入 STARTUP 系统变量值为(　　)，将 FILEDIA 系统变量值为(　　)。再输入新建命令，就会弹出"创建新图形"对话框。

A. 1,0　　　　　　B. 0,1　　　　　　C. 0,0　　　　　　D. 1,1

5. 中望 CAD 中，可通过(　　)键，打开独立的命令行文本窗口。

A.【F2】　　　　B.【F3】　　　　C.【F6】　　　　D.【F8】

三、操作题

1. 在默认工作界面下，将修改工具栏移动到图层工具栏的右侧，开启"对象捕捉"工具栏，放置到修改工具栏原有的位置上。

2. 运用"启动"对话框中的使用样板，选择名为 ANSI B Title Block. dwt 的样板文件，新建一个名为 1. dwg 的图形文件，文件类型为 AutoCAD 2004(∗. dwg)，保存到桌面，退出文件。

3. 新建一个名为 2. dwt 的图形样板文件，要求运用"创建新图形"对话框中的"使用向导"，选择向导中的"高级设置"，测量单位为"小数"、角度为"度/分/秒"、测量角度为"北"、角度方向为"逆时针"、区域宽度 297，长度 420。保存到桌面，关闭文件。

教学目标：

☆ 掌握绘图环境的设置方法；

☆ 熟悉绘图界限和图形单位的设置；

☆ 熟练掌握坐标的输入方法。

教学重点：

☆ 熟悉绘图界限和图形单位的设置；

☆ 熟练掌握坐标的输入方法。

教学难点：

☆ 熟练掌握坐标的输入方法。

模块二　绘图前的准备工作

为了准确、高效地绘制工程图形，用户首先要做的准备就是绘图环境、绘图界限以及图形单位的设置。

项目一　中望 CAD 绘图环境的设置

在绘制图形之前，要了解一些图形的基本设置，为以后的绘制和编辑图形做好准备。用户可以通过"草图设置"对话框对绘图环境进行设置。

打开"草图设置"对话框的命令有：

① 命令：OPTIONS 简写 OP。

② 菜单：工具→选项→显示。

任务一：将十字光标大小改为7、颜色改为黑色，屏幕颜色改为白色。

① 命令：OP，打开如图 2-1 所示对话框。

② 单击"颜色"按钮，打开如图 2-2 所示对话框。

③ 设置完成后，单击"应用并关闭"按钮。

小提示：

在编写文稿时，如果需要插入 CAD 图形，就要把屏幕改成白色背景，此时光标颜色最好选择和白色反差大的颜色，否则不易看清光标的行踪。但如果是工程图形的话，颜色就不必设置过多，不要以处理图像的方式来处理图形。

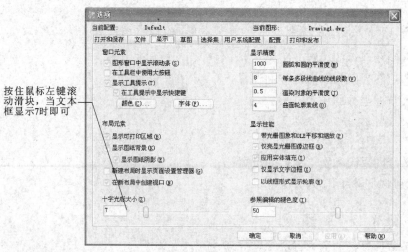

按住鼠标左键滚动滑块，当文本框显示7时即可

图 2-1 设置十字光标的大小

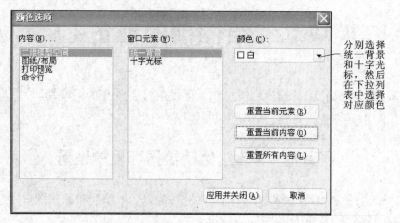

分别选择统一背景和十字光标，然后在下拉列表中选择对应颜色

图 2-2 设置十字光标和背景颜色

任务二:将用户界面改变成经典风格。

命令:OP,选择"用户系统配置"选项卡,如图 2-3 所示。

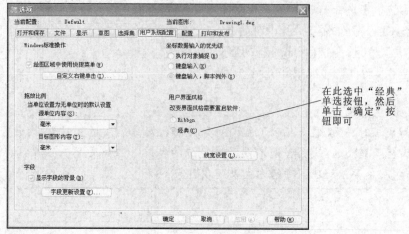

在此选中"经典"单选按钮,然后单击"确定"按钮即可

图 2-3 设置用户界面风格

项目二 中望 CAD 图形界限的设置

为了使绘图更规范,并方便检查,用户可以在模型空间中设置一个矩形区域作为图形界限,用于设置绘图区域大小,标明用户的图纸边界,防止绘制的图形超出某个范围。用户可以使用栅格来显示图形界限。

图形界限的命令启动方式有:

① 命令:LIMITS。

② 菜单:格式→图形界限。

任务三:将图纸设置为 A2 图纸,并打开图形界限检查功能。

命令:LIMITS↙

指定左下角点或[开(ON)/关(OFF)]<0.0000,0.0000>:0,0↙

指定右上角点<420.0000,297.0000>:594,420↙

然后重新输入命令:

命令:LIMITS↙

指定左下角点或[开(ON)/关(OFF)]<0.0000,0.0000>:ON↙   //打开图形界限检查功能

小提示:

> 系统默认的绘图范围是 A3 图幅的,如果设置其他图幅,只需改成相应的尺寸即可。绘图时我们一般都用真实的尺寸绘图,等出图的时候再考虑比例尺的问题,如果用直线或者矩形绘制图框会比 limits 更直观。当图形界限为 ON 时,如果拾取或者输入的坐标点超出图形界限的话,操作无效。当图形界限为 OFF 时,绘图不受限制。图形界限检查功能只限制输入的坐标点不能超出绘图边界,而不能限制整个图形。
>
> 例如:当我们用中心点来绘制椭圆的时候,只要椭圆的圆心在界限之内,就可以绘制出来,即使椭圆的一部分位于界限之外。

项目三 中望 CAD 图形单位的设置

一般情况下,用户要在绘图前,就要知道图形单位与实际单位之间的关系,设置好长度和角度的制式和精度。

图形单位的命令启动方式有:

① 命令:DDUNITS 简写 UN。

② 菜单:格式→单位。

任务四:将长度单位设置成小数、精确到小数点后两位,角度单位设置成十进制度数、精确到小数点后两位。

① 命令:UN,打开如图 2-4 所示对话框。

② 完成图形单位的设置后,单击"确定"按钮即可。

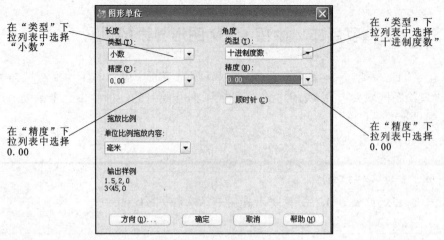

在"类型"下拉列表中选择"小数"

在"类型"下拉列表中选择"十进制度数"

在"精度"下拉列表中选择0.00

在"精度"下拉列表中选择0.00

图 2-4 "图形单位"对话框

小提示：

　　长度单位的精度最高为小数点后 8 位,角度单位的精度最高为小数点后 6 位。一般在建筑图中,精确到 mm 就可以了。同时还可以单击图中的顺时针复选框设置角度的测量方向,但系统默认的是逆时针为正方向,还可以单击上图中的"方向…"可以打开"方向控制"对话框,设置角度测量的起始位置。系统默认的角度起始位置为水平向东。

项目四　中望 CAD 的坐标系统

　　中望 CAD 的坐标系统分为世界坐标系统(WCS)和用户坐标系统(UCS),下面分别简单介绍一下这两个坐标系统。

一、世界坐标系(WCS)

　　中望 CAD 软件本身默认的是 WCS,X、Y、Z 互相垂直,在 2D 空间中 Z 坐标始终为 0。绘制二维图形时,所有绘制的图形都在 XY 平面上,所以使用默认的 WCS 就可以了。空间中 WCS 的原点和坐标方向是固定不变的,不随用户绘制和编辑图形而发生改变。

二、用户坐标系(UCS)

　　有时候为了绘图需要,用户需要改变坐标系的原点和方向,尤其是在绘制 3D 图形时,因为每个要定位的点都可能有互不相同的 Z 坐标,需要改变坐标的原点和方向,那么 UCS 就可以做到这一点。通过选择"视图"→"显示"→"UCS 图标"选项,可以打开和关闭坐标系统,还可以选择是否显示坐标原点,也可以设置 UCS 坐标图标的样式、大小和颜色。在 UCS 中,X、Y、Z 仍然互相垂直,改变坐标方向可用右手定则来判断。其方法是:伸出右手的中指、食指和拇指,互相保持垂直,拇指指向 X 轴的正向,食指指向 Y 轴的正向,中指指向 Z 轴的正向。在命令行中输入:UCS,然后按照提示遵循右手定则来改变坐标原点及坐标方向。

三、坐标的输入方法

在中望 CAD 中可以用 4 种坐标的输入方法来定位点,分别是绝对直角坐标、绝对极坐标、相对直角坐标、相对极坐标。

任务五:使用以上 4 种坐标输入法来绘制如图 2-5 所示图形。

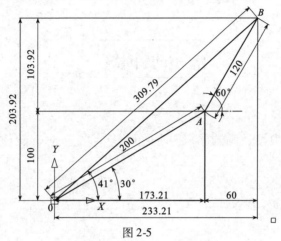

图 2-5

使用绝对直角坐标:

命令:L↙

指定第一点:0,0↙

指定下一点或[放弃(U)]:173.21,100↙

指定下一点或[放弃(U)]:233.21,203.92↙

指定下一点或[闭合(C)/放弃(U)]:C↙

使用绝对极坐标:

命令:L↙

指定第一点:0<0↙

指定下一点或[放弃(U)]:200<30↙

指定下一点或[放弃(U)]:309.79<41↙

指定下一点或[闭合(C)/放弃(U)]:C↙

使用相对直角坐标:

命令:L↙

指定第一点:0,0↙

指定下一点或[放弃(U)]:@ 173.21,100↙

指定下一点或[放弃(U)]:@ 60,103.92↙

指定下一点或[闭合(C)/放弃(U)]:C↙

使用相对极坐标:

命令:L↙

指定第一点:0<0↙

指定下一点或[放弃(U)]:@ 200<30↙

指定下一点或[放弃(U)]:@ 120<60↙

指定下一点或[闭合(C)/放弃(U)]:C↙

小　　结

通过本模块的学习,用户能够熟练掌握绘图界限、图形单位以及用户界面的设置,对绘图前的准备工作有了初步的了解,通过完成任务一、任务二、任务三强化了对图形单位、图形界限的设置方法。

拓展训练

一、填空题

1. 将界面设置成经典界面,应选择"工具"菜单下_____命令,再选择_____选项卡。

2. 通过命令行输入_____,可以设置图形界限。

3. 中望 CAD 中有_____和_____两个坐标系统。

4. 中望 CAD 坐标输入方法有如下几种:_____、_____、_____、_____。

二、选择题

1. 系统默认情况下,是( )坐标系统。

A. 世界坐标系　　　　　B. 用户坐标系

2. 绘图单位设置的命令是( )。

A. LIMITS　　　　　　B. OP　　　　　　　C. UN

3. 下列选项中( )的坐标原点和方向是不随用户绘制和编辑图形而发生改变。

A. WCS　　　　　　　B. UCS

4. 系统默认的是( )用户界面。

A. 用户　　　　　　　B. Ribbon

5. 中望 CAD 中,下列坐标中使用相对直角坐标的是( )。

A. (15,42)　　　　　B. (48 < 85)　　　　　C. (@ 50 < 65)　　　　D. (@ 21,36)

三、操作题

1. 设置 A4 图幅的图形界限,并将图形界限检查功能打开。

2. 利用绝对直角坐标和相对直角坐标的输入方法,绘制如图 2-6 所示。

3. 利用极坐标和相对极坐标的输入方法绘制如图 2-7 所示。

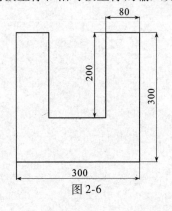

图 2-6

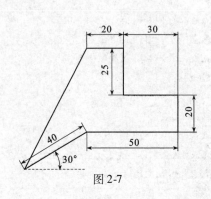

图 2-7

教学目标：

☆ 掌握二维图形的绘制命令及其简写；
☆ 熟练掌握各二维图形的绘制命令及其子命令的使用方法。

教学重点：

☆ 熟练掌握二维图形的绘制命令中的直线、构造线、圆、圆弧、矩形、正多边形、多段线及多段线编辑、多线、多线样式及多线的编辑等命令；
☆ 熟练掌握以上二维图形的绘制命令中的子命令；
☆ 综合应用绘图命令完成基本图形的快速绘制。

教学难点：

☆ 熟练掌握圆、圆弧、矩形、正多边形、多段线及多段线编辑、多线、多线样式及多线的编辑等命令及其子命令；
☆ 综合应用绘图命令完成基本图形的快速绘制。

模块三　二维图形的绘制

在中望 CAD 中，二维图形对象都是通过一些基本二维图形的绘制，以及在此基础上的编辑得到的，中望为用户提供了大量的基本图形绘制命令，用户通过这些命令的结合使用，可以方便快速的绘制出二维图形对象。

本模块的内容是整个中望 CAD 绘图的基础，所以用户要掌握好本模块中的基本命令。

项目一　直线命令

直线命令是最基本最常用的直线型绘图命令，使用 LINE 命令可以在两点间进行线段的绘制。用户可以通过鼠标或键盘来决定线段的起点和终点，它是为数不多的可以自动重复使用的命令之一，可以将一条直线的终点作为下一条直线的起点，并连续地提示下一个直线的终点，直到按【Enter】键或【Esc】键结束命令为止。在这里我们以二维直线为学习对象，来掌握直线命令的使用。

直线的命令启动方式有以下三种：
① 命令：LINE 简写 L。
② 菜单：绘图→直线。
③ 工具栏：单击绘图工具栏的直线按钮 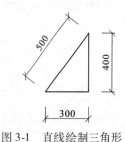。

任务一：使用直线命令结合正交绘制直角三角形，完成后如图 3-1 所示。

图 3-1　直线绘制三角形

27

命令:L↙

LINE

指定第一个点: //用鼠标在绘图区单击任意点作为直线的起点

指定下一点或[放弃(U)]:300↙   //按【F8】键打开正交,鼠标向右平移输入300

指定下一点或[放弃(U)]:40↙   //鼠标向上平移输入400

指定下一点或[闭合(C)/放弃(U)]:C↙   //输入闭合子命令C

任务二:使用直线命令结合坐标输入绘制标高符号,完成后如图3-2所示。

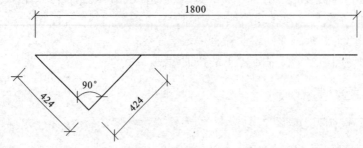

图3-2　直线绘制标高符号

命令:L↙

LINE

指定第一个点:0,0   //输入原点坐标作为直线的起点

指定下一点或[放弃(U)]:@ 424 < -135↙   //用键盘输入第二点的极坐标

指定下一点或[放弃(U)]:@ 424 <135↙   //用键盘输入第三点的极坐标

指定下一点或[闭合(C)/放弃(U)]:1800,0↙ //用键盘输入第四点的直角坐标

指定下一点或[闭合(C)/放弃(U)]:C↙

小提示:

　　闭合子命令(C)是将第一条直线段的起点和最后一条直线段的终点连接起来,组成一封闭区域。但用户必须在绘制了两条或两条以上的直线段后才可以选择此选项。放弃子命令(U)是撤销最近绘制的一条直线段。重新指定新的起点或终点。若用户多次在命令行提示下选择此项,系统将按绘制直线段次序的相反顺序逐个撤销先前绘制的直线段。

项目二　构造线命令

　　绘制构造线,构造线无限延伸,长度无限。构造线通常在绘图过程中作为辅助线使用。

　　构造线的命令启动方式有以下三种:

　　① 命令:XLINE 简写 XL。

　　② 菜单:绘图→构造线。

　　③ 工具栏:单击绘图工具栏的构造线按钮 。

　　任务三:使用构造线命令绘制基准坐标轴,完成后如图3-3所示。

图3-3　构造线绘制基准坐标

命令:＜正交开＞　　　　　　//打开正交绘图模式;

命令:XL ↙

XLINE

指定点或[水平(H)/垂直(V)/角度(A)/二等分(B)/偏移(O)]:

　　　　　　　　　　　　//用鼠标在绘图区指定一点

指定通过点:　　　　　　　//水平移动鼠标,单击指定通过点

指定通过点:　　　　　　　//垂直移动鼠标,单击指定通过点

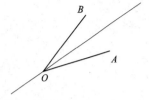

　　任务四:使用构造线命令绘制已知∠AOB 的角平分线,完成后如图3-4 所示。

图3-4　构造线绘制角平分线

命令:XL

XLINE

指定点或[水平(H)/垂直(V)/角度(A)/二等分(B)/偏移(O)]:B ↙　　//输入二等分子命令 B

指定角的顶点:　　　　　　　　　　　　　　　//捕捉 O 点

指定角的起点:　　　　　　　　　　　　　　　//捕捉 A 或 B 点

指定角的端点:　　　　　　　　　　　　　　　//捕捉 B 或 A 点

指定角的端点:＊取消＊　　　　　　　　　　　//结束命令

小提示:

　　参照子命令(R)可以绘制与参照对象之间的有一定夹角的构造线。此角度从参照线开始按逆时针方向测量。参照对象必须是直线、多段线、射线或构造线。偏移子命令(O)可以绘制平行于另一对象的构造线,偏移的对象必须是直线、多段线、射线或构造线。

项目三　射线命令

　　射线绘制的是一种特殊的构造线,是从指定的开始点绘制往一方向无限延伸的构造线。

　　射线的命令启动方式有以下三种:

　　① 命令:RAY。

　　② 菜单:绘图→射线。

　　③ 工具栏:单击绘图工具栏的射线按钮 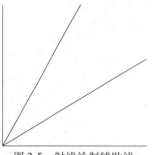 。

　　任务五:使用射线命令绘制基本坐标轴的正方向,一条30°和一条60°的辅助线,完成后如图3-5 所示。

图3-5　射线绘制辅助线

命令:RAY ↙

指定起点:　　　　　　　　　　//用鼠标在绘图区上指定起点

指定通过点:＜正交开＞　　　　　//按【F8】键调整正交模式,指定一个通过点

指定通过点:　　　　　　　　　　//指定另一个通过点,形成坐标轴的两个正方向

指定通过点:@ 100 ＜30 ↙　　　//用键盘输入辅助线通过的点的坐标

指定通过点:@ 100 ＜60 ↙　　　//输入另一辅助线通过的点的坐标

指定通过点:↙　　　　　　　　　//结束命令

小提示:

射线命令在 CAD 中的应用不多,一般能用构造线的都不用射线,只有一些辅助线使用射线来绘制。

项目四　圆命令

圆命令可以绘制任意大小的圆。预设的画圆方法是以圆的中心点和半径来画,但画圆的方法有很多,我们还可以根据已知条件选择其他方法。

圆的命令启动方式有以下三种:

① 命令:CIRCLE 简写 C。

② 菜单:绘图→圆→选择一种圆的绘制方法。

③ 工具栏:单击绘图工具栏的圆按钮 。

任务六:使用圆命令,以 A 点为圆心,以 AO 距离为半径画圆,完成后如图 3-6 所示。

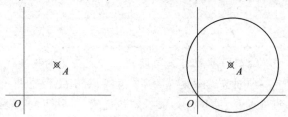

图 3-6　圆的绘制一

命令:C↙

CIRCLE

指定圆的圆心或[三点(3P)/两点(2P)/切点、切点、半径(T)]:　　//捕捉 A 点为指定圆的圆心

指定圆的半径或[直径(D)] <146.5824 >:　　//捕捉 O 点为指定圆的半径

任务七:使用圆命令,在已知三角形上绘制圆,完成后如图 3-7 所示。

图 3-7　圆的绘制二

命令:C↙

CIRCLE 指定圆的圆心或[三点(3P)/两点(2P)/切点、切点、半径(T)]:2P↙//输入两点画圆的子命令2P

指定圆的直径的第一个端点:　　　　　　　　　　　　　　　//捕捉三角形的一个顶点

指定圆的直径的第二个端点:　　　　　　　　　　　　　　　//捕捉三角形另一个顶点

重复前面的圆的绘制方法,绘制另外两个直径为三角形边长的圆。

命令:C↙

CIRCLE

指定圆的圆心或[三点(3P)/两点(2P)/切点、切点、半径(T)]:3P↙

指定圆上的第一个点: //依次捕捉三角形的三个顶点(没有先后顺序)

指定圆上的第二个点:

指定圆上的第三个点:

重复圆命令,利用"相切、相切、相切"子命令绘制中间与三个圆相切的小圆(将对象捕捉设置为只捕捉切点)。

任务八:使用圆命令,绘制与角的两边相切,半径为 5 的圆,完成后如图 3-8 所示。

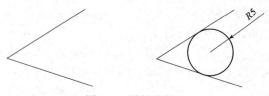

图 3-8　圆的绘制三

命令:C↙

CIRCLE

指定圆的圆心或[三点(3P)/两点(2P)/切点、切点、半径(T)]:T↙

指定对象与圆的第一个切点: //用鼠标捕捉与一个边相切的切点

指定对象与圆的第二个切点: //用鼠标捕捉在另一边上的切点

指定圆的半径<5.0000>:5↙

小提示:

> 绘制圆的方法比较多,可以根据已知条件来判断用哪种方法去绘制,在捕捉切点的时候一定要注意切点的位置要正确,尤其是圆与圆相切的切点。

项目五　圆弧命令

圆弧的绘制必须有三个已知条件,才能完成,起点、经过点和端点可以绘制,或者起点、圆心加上端点、长度、角度中的任一值,或者起点、端点加上半径、方向、角度中的任一值。

圆弧的命令启动方式有以下三种:

① 命令:ARC。

② 菜单:绘图→圆弧,根据已知条件选择一种绘制方法。

③ 工具栏:单击绘图工具栏的圆弧按钮 。

任务九:使用圆弧命令的三种不同的方法在下面的等边三角形中绘制三个圆弧,完成后如图 3-9 所示。

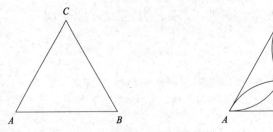

图 3-9　圆弧的绘制一

命令:ARC✓

指定圆弧的起点或[圆心(C)]:　　　　　　　　//捕捉 A 点为圆弧的起点

指定圆弧的第二个点或[圆心(C)/端点(E)]:　　//捕捉三角形的中心点为圆弧的第二点;

指定圆弧的端点:　　　　　　　　　　　　　　//捕捉 C 点为圆弧的端点

命令:ARC✓指定圆弧的起点或[圆心(C)]:　　//按【Space】键重复圆弧命令;捕捉 C 点为圆弧起点;

指定圆弧的第二个点或[圆心(C)/端点(E)]:E✓　//输入端点子命令 E

指定圆弧的端点:　　　　　　　　　　　　　　//捕捉 B 点为圆弧的端点

指定圆弧的圆心或[角度(A)/方向(D)/半径(R)]:A✓　//输入角度子命令 A

指定包含角:120✓　　　　　　　　　　　　　　//输入圆弧的角度120°

命令:ARC✓指定圆弧的起点或[圆心(C)]:　　//按【Space】键重复圆弧命令;捕捉 B 点为圆弧起点

指定圆弧的第二个点或[圆心(C)/端点(E)]:E✓　//输入端点子命令 E

指定圆弧的端点:　　　　　　　　　　　　　　//捕捉 A 点为圆弧的端点

指定圆弧的圆心或[角度(A)/方向(D)/半径(R)]:D✓　//输入方向子命令 D

指定圆弧的起点切向:　　　　　　　　　　　　//捕捉 C 点为圆弧起点的切向

任务十:使用直线和圆弧命令完成绘制,如图 3-10 所示图形。

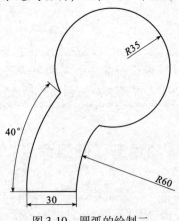

图 3-10　圆弧的绘制二

命令:L✓

LINE 指定第一个点:　　　　　　　　　　　　//在绘图区捕捉任意一点为直线起点

指定下一点或[放弃(U)]:30✓　　　　　　　　//输入直线的长度30

指定下一点或[放弃(U)]:✓　　　　　　　　　//结束直线命令

命令:ARC✓

指定圆弧的起点或[圆心(C)]:　　　　　　　　//捕捉直线右端点为圆弧的起点

指定圆弧的第二个点或[圆心(C)/端点(E)]:C✓	//输入圆心子命令C
指定圆弧的圆心:60✓	//捕捉直线右端点,应用自动捕捉的延伸功能,输入60,得到圆心点
指定圆弧的端点或[角度(A)/弦长(L)]:A✓	//输入角度子命令
指定包含角:-40✓	//因为是顺时针绘制圆弧,所为输入的圆弧角度为-40
命令:ARC	
指定圆弧的起点或[圆心(C)]:	//捕捉直线左端点为圆弧的起点
指定圆弧的第二个点或[圆心(C)/端点(E)]:C✓	
指定圆弧的圆心:	//捕捉前一圆弧的圆心
指定圆弧的端点或[角度(A)/弦长(L)]:A✓	
指定包含角:-40✓	
命令:ARC✓	
指定圆弧的起点或[圆心(C)]:	//捕捉右侧圆弧的上端点为起点
指定圆弧的第二个点或[圆心(C)/端点(E)]:E✓	//输入端点子命令E
指定圆弧的端点:	//捕捉左侧圆弧的上端点为端点
指定圆弧的圆心或[角度(A)/方向(D)/半径(R)]:R✓	//输入半径子命令R
指定圆弧的半径:-35✓	//因为绘制的是优弧,所以输入半径时为-35

小提示:

〜〜〜〜〜〜〜〜〜〜〜〜〜〜〜〜〜〜〜〜〜〜〜〜〜〜〜〜〜〜〜〜〜〜

　　绘制圆弧必须根据已知的条件来操作,有些时候条件是隐含的,必须找出这些条件后,才能顺利的绘制出来。

〜〜〜〜〜〜〜〜〜〜〜〜〜〜〜〜〜〜〜〜〜〜〜〜〜〜〜〜〜〜〜〜〜〜

项目六　椭圆与椭圆弧命令

　　绘制椭圆或椭圆弧对象的命令一样,椭圆弧的命令包含在椭圆命令的子命令中。

　　椭圆和椭圆弧的命令启动方式有以下三种:

① 命令:ELLIPSE 简写 EL。

② 菜单:绘图→椭圆→选择绘制方法。

③ 工具栏:单击绘图工具栏的椭圆按钮 ，椭圆弧按钮 。

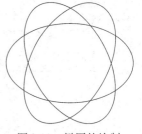

图3-11　椭圆的绘制

　　任务十一:使用椭圆命令绘制下图,完成后如图3-11所示。

```
命令:EL✓
ELLIPSE
```

指定椭圆的轴端点或[圆弧(A)/中心点(C)]:	//捕捉绘图区任一点为椭圆的轴端点;
指定轴的另一个端点:100✓	//鼠标右移,极轴0°或正交模式下,输入100,得到椭圆轴的另一个端点
指定另一条半轴长度或[旋转(R)]:30✓	//输入另一条半轴长度30
命令:ELLIPSE✓	//按【Enter】键重复椭圆命令
指定椭圆的轴端点或[圆弧(A)/中心点(C)]:C✓	//输入中心点子命令C
指定椭圆的中心点:	//捕捉前一椭圆的中心点

33

指定轴的端点:@ 50 <60 ↙   //输入椭圆轴端点的相对极坐标

指定另一条半轴长度或[旋转(R)]:30 ↙   //输入另一条半轴长度30

命令:ELLIPSE ↙   //重复上一操作,绘制另一个椭圆

指定椭圆的轴端点或[圆弧(A)/中心点(C)]:C ↙

指定椭圆的中心点: //捕捉前一椭圆的中心点

指定轴的端点:@ 50 <120 ↙   //输入不同的相对极坐标

指定另一条半轴长度或[旋转(R)]:30 ↙

任务十二:使用椭圆命令,绘制椭圆弧,完成后如图 3-12 所示。

图 3-12　椭圆弧的绘制

命令:EL ↙

ELLIPSE

指定椭圆的轴端点或[圆弧(A)/中心点(C)]:A ↙   //输入椭圆弧子命令 A

指定椭圆弧的轴端点或[中心点(C)]:   //捕捉绘图区任一点为轴端点

指定轴的另一个端点:100 ↙   //鼠标右移,输入100,绘制轴的另一端点

指定另一条半轴长度或[旋转(R)]:30 ↙   //输入另一条半轴的长度30

指定起始角度或[参数(P)]:-60 ↙   //输入椭圆弧的起始角度为-60

指定终止角度或[参数(P)/包含角度(I)]:120 ↙   //输入其终止角度为120°

小提示:

　　通过定义椭圆弧的第一和第二端点来定义椭圆弧的第一条轴线。第一条轴的角度确定了椭圆弧的角度。第一条轴既可为椭圆弧长轴也可为椭圆弧短轴。

项目七　点命令

点命令可以绘制点对象,对象捕捉时使用节点可以捕捉到绘制的点。

① 命令:POINT 简写 PO。

② 菜单:绘图→点→单点(只能绘制一个点);

　　　　　　　　 →多点(可以连续绘制多个点,只到结束命令)。

③ 工具栏:单击绘图工具栏的点按钮 。

与点相关的命令还有点样式(DDPTYPE)、定数等分(DIVIDE)、定距等分(MEASURE)等。要想使用点,首先需要对点样式进行设置。

任务十三:对点样式进行设置,选择第 2 行第 4 列的图块,然后使用点命令绘制三个点,完成后如图 3-13 所示。

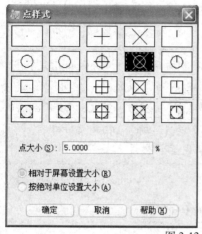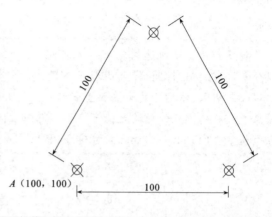

图 3-13 点样式和点的绘制

命令:DDPTYPE ↙   //输入点样式命令打开"点样式"对话框;选择第 2 行
                        第 4 列的图块;单击"确定"按钮完成设置

命令:PO ↙
POINT
当前点模式:PDMODE = 35 PDSIZE = 0.0000
指定一点或[设置(S)/多次(M)]:M↙   //输入多次子命令 M
指定一点或[设置(S)]:100,100 ↙   //输入 A 点的绝对坐标 100,100
指定一点或[设置(S)]:@ 100 <0 ↙   //输入右侧点的相对极坐标@ 100 <0
指定一点或[设置(S)]:@ 100 <120 ↙   //输入上面点的相对极坐标@ 100 <120
指定一点或[设置(S)]:↙   //退出命令

任务十四:在圆弧上均匀绘制 5 个点,完成后如图 3-14 所示。

图 3-14 定数等分点

命令:DIV ↙
DIVIDE
选择要定数等分的对象: //单击选中圆弧
输入线段数目或[块(B)]:6↙   //输入平均分的数目,然后按【Enter】键确认

任务十五:在圆弧上从左侧开始每隔 20 的距离,绘制 1 个点,完成后如图 3-15 所示。

图 3-15 定距等分点

命令:MEASURE ↙

选择要定距等分的对象: //单击选中圆弧,(在圆弧的左侧单击)

指定线段长度或[块(B)]:20 ↙   //输入两点间的距离 20,然后按【Enter】键确认

小提示:

> 定数等分是沿着所选的对象放置标记。标记会平均地将对象分割成指定的分割数。可以分割线、弧、圆、椭圆、样条曲线或多段线。标记为点对象或图块。定距等分是沿着对象的边长或周长,以指定的间隔放置标记(点或图块),将对象分成各段。该命令会从距选取对象处最近的端点开始放置标记。除了可以在点样式对话框中设置点样式外,还可以使用点数值命令(PDMODE)和点尺寸命令(PDSIZE)来设置点样式。

项目八　徒手画线命令

徒手画线是以光标的移动来绘制一系列连续的线段,其随意性比较强,通常用于插图(如说植物、装饰画等),具有较强的艺术性。

徒手画线的命令:SKETCH。

任务十六:使用徒手画线命令绘制一个植物图例,完成后如图 3-16 所示(相似即可)。

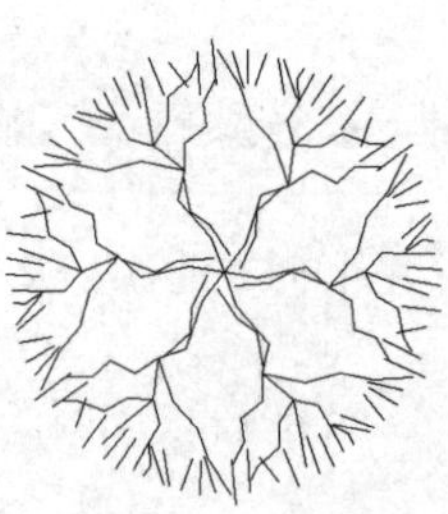

命令:SKETCH ↙

记录增量<1.0000>:3 ↙   //修改记录增量为 3

图 3-16　徒手画线

徒手画.画笔(P)/退出(X)/结束(Q)/记录(R)/删除(E)/连接(C)。<笔落> <笔提> <笔落> <笔提> <笔落> <笔提>已记录 98 条直线 //输入子命令 R 即可对画好的线完成记录,绘制完成后可按

【Enter】键或【X】键退出

小提示:

> 分段长度也就是记录的增量,鼠标移动的距离必须大于记录增量才能生成线段。记录子命令是将徒手描绘对象储存至图形中,但不同于按【Enter】键的是,它不会结束命令,系统将继续提示绘制徒手线。

项目九　多段线命令及多段线的编辑命令

多段线命令可以绘制二维多段线,但不同于用直线和圆弧绘制的结果,是由几段线段或圆弧构成的连续线条。它是一个单独的图形对象。无论有多少个点(段),均为一个整体,而且对它的编辑需要特定的多段线编辑命令。

多段线的命令启动方式有以下三种:

① 命令:PLINE 简写 PL。

② 菜单:绘图→多段线。

③ 工具栏:单击绘图工具栏的多段线按钮 。

多段线的编辑命令启动方式有以下三种：

① 命令：PEDIT 简写 PE。

② 菜单：修改→对象→多段线。

③ 工具栏：单击修改Ⅱ工具栏的编辑多段线按钮 。

任务十七：使用多段线命令绘制（参数详见绘制过程），完成后如图 3-17 所示。

图 3-17　多段线的绘制

```
命令:PL↙
PLINE
指定起点:                                        //在绘图区任意单击一点为起点
当前线宽为 0.0000
指定下一个点或[圆弧(A)/半宽(H)/长度(L)/放弃(U)/宽度(W)]:W↙
                                               //输入宽度子命令 W
指定起点宽度 <0.0000>:5↙                          //输入起点的宽度 5
指定端点宽度 <5.0000>:↙                           //按【Enter】键默认端点宽度为 5
指定下一个点或[圆弧(A)/半宽(H)/长度(L)/放弃(U)/宽度(W)]:50↙
                                               //利用极轴追踪输入 50 得到下一个点
指定下一点或[圆弧(A)/闭合(C)/半宽(H)/长度(L)/放弃(U)/宽度(W)]:W↙
指定起点宽度 <5.0000>:20↙
指定端点宽度 <20.0000>:0↙
指定下一点或[圆弧(A)/闭合(C)/半宽(H)/长度(L)/放弃(U)/宽度(W)]:50↙
指定下一点或[圆弧(A)/闭合(C)/半宽(H)/长度(L)/放弃(U)/宽度(W)]:w↙
指定起点宽度 <0.0000>:5↙
指定端点宽度 <5.0000>:↙
指定下一点或[圆弧(A)/闭合(C)/半宽(H)/长度(L)/放弃(U)/宽度(W)]:A↙
                                               //输入圆弧子命令 A
指定圆弧的端点或[角度(A)/圆心(CE)/闭合(CL)/方向(D)/半宽(H)/直线(L)/半径(R)/第二个点
(S)/放弃(U)/宽度(W)]:A↙                           //输入角度子命令 A
指定包含角:180↙                                   //输入圆弧包含的角为 180
指定圆弧的端点或[圆心(CE)/半径(R)]:                //捕捉多段线的起点为圆弧的端点
指定圆弧的端点或[角度(A)/圆心(CE)/闭合(CL)/方向(D)/半宽(H)/直线(L)/半径(R)/第二个点
(S)/放弃(U)/宽度(W)]:                             //捕捉箭头的另一端点完成绘制
指定圆弧的端点或[角度(A)/圆心(CE)/闭合(CL)/方向(D)/半宽(H)/直线(L)/半径(R)/第二个点
(S)/放弃(U)/宽度(W)]:↙                            //结束多段线命令
```

任务十八：编辑直线和圆弧，完成后如图 3-18 所示。

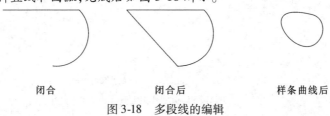

闭合　　　　　　　　闭合后　　　　　　　　样条曲线后

图 3-18　多段线的编辑

命令:PE↙

PEDIT

选择多段线或[多条(M)]:选择多段线或[多条(M)]:M //输入多条子命令M

选择对象:指定对角点:找到2个　　　　　　　 //选择编辑的对象直线和圆弧

选择对象:↙　　　　　　　　　　　　　　　　 //按【Enter】键确认,结束选择

将线和圆弧转换为多段线[Yes/No]?＜是(Y)＞↙ //按【Enter】键执行默认命令是

输入选项[闭合(C)/打开(O)/合并(J)/宽度(W)/拟合(F)/样条曲线(S)/非曲线化(D)/线型生成(L)/反转(R)/放弃(U)]:J↙　　　　　　　　　　 //输入合并子命令J

合并类型＝延伸

输入模糊距离或[合并类型(J)]＜0.0000＞:　 //按【Enter】键执行默认距离

多段线已增加1条线段

输入选项[闭合(C)/打开(O)/合并(J)/宽度(W)/拟合(F)/样条曲线(S)/非曲线化(D)/线型生成(L)/反转(R)/放弃(U)]:C↙　　　　　　　　　　 //输入闭合子命令C

输入选项[闭合(C)/打开(O)/合并(J)/宽度(W)/拟合(F)/样条曲线(S)/非曲线化(D)/线型生成(L)/反转(R)/放弃(U)]:S↙　　　　　　　　　　 //输入样条曲线子命令S

输入选项[闭合(C)/打开(O)/合并(J)/宽度(W)/拟合(F)/样条曲线(S)/非曲线化(D)/线型生成(L)/反转(R)/放弃(U)]:＊取消＊　　　 //结束命令完成编辑。

小提示:

> 多段线的编辑命令PEDIT不仅可以编辑二维多段线,还可以编辑三维多段线和三维网格,不仅能闭合还可以打开,也能编辑宽度、顶点等。

项目十　矩形命令

矩形命令创建的是矩形多段线对象。这个命令的子命令比较多,我们在这里只简单介绍它的部分二维功能。

矩形的命令启动方式有以下三种:

① 命令:RECTANG 简写 REC。

② 菜单:绘图→矩形。

③ 工具栏:单击绘图工具栏的矩形按钮 ▭。

任务十九:根据矩形角点的坐标,使用矩形命令绘制矩形,完成后如图3-19所示。

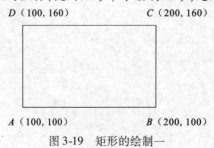

图3-19　矩形的绘制一

命令:REC ↙

RECTANG

指定第一个角点或[倒角(C)/标高(E)/圆角(F)/厚度(T)/宽度(W)]:100,100 ↙

//我们以角点 A、C 为例,先输入点 A 的坐标(100,100)

指定其他的角点或[面积(A)/尺寸(D)/旋转(R)]:200,160 ↙

//输入对角点 C 的坐标(200,160)(也可以输入其相对坐标(@ 100,60)

任务二十:根据已知条件,使用矩形命令绘制倒角矩形,完成后如图 3-20 所示。

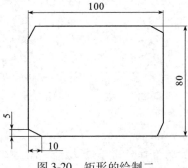

图 3-20　矩形的绘制二

命令:REC ↙

RECTANG

指定第一个角点或[倒角(C)/标高(E)/圆角(F)/厚度(T)/宽度(W)]:C↙

//输入倒角子命令 C

指定矩形的第一个倒角距离 <0.0000 >:5 ↙　　　//输入第一个倒角距离 5

指定矩形的第二个倒角距离 <5.0000 >:10 ↙　　　//输入第二个倒角距离 10

指定第一个角点或[倒角(C)/标高(E)/圆角(F)/厚度(T)/宽度(W)]:

//在绘图区域单击任一点为矩形的第一个角点

指定其他的角点或[面积(A)/尺寸(D)/旋转(R)]:D↙//输入尺寸子命令 D

指定矩形的长度 <10.0000 >:100 ↙　　　//输入矩形的长度 100

指定矩形的宽度 <10.0000 >:80 ↙　　　//输入矩形的宽度 80

指定其他的角点或[面积(A)/尺寸(D)/旋转(R)]:　　//选择右上的方向单击,确定矩形的方向

任务二十一:根据已知条件,使用矩形命令绘制圆角矩形,完成后如图 3-21 所示。

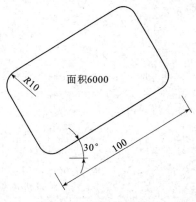

图 3-21　矩形的绘制三

命令：REC ↙
RECTANG
指定第一个角点或[倒角(C)/标高(E)/圆角(F)/厚度(T)/宽度(W)]：F ↙
　　　　　　　　　　　　　　　　　　　　//输入圆角子命令 F

指定矩形的圆角半径 <0.0000>：10 ↙　　//输入圆角半径10 指定第一个角点或[倒角(C)/
　　　　　　　　　　　　　　　　　　　　标高(E)/圆角(F)/厚度(T)/宽度(W)]：
　　　　　　　　　　　　　　　　　　　　//在绘图区域单击任一点为矩形第一个角点；

指定其他的角点或[面积(A)/尺寸(D)/旋转(R)]：R ↙　　//输入旋转子命令 R
指定旋转角度或[拾取点(P)] <0>：30 ↙　　//输入旋转角度30
指定其他的角点或[面积(A)/尺寸(D)/旋转(R)]：A ↙　　//输入面积子命令 A
输入以当前单位计算的矩形面积 <100.0000>：6000 ↙　　//输入矩形面积6000
计算矩形标注时依据[长度(L)/宽度(W)] <长度>：L ↙　　//输入长度子命令 L
指定矩形的长度 <100.0000>：100 ↙　　//输入矩形长度100

小提示：

　　矩形绘制的方法较多，在绘制过程中先根据已知条件，再选择绘制的子命令；矩形命令还可以创建三维对象。如果用户已经绘制了带有倒角、圆角或者线宽的矩形，当再次绘制矩形时，要将倒角、圆角和线宽的数值都改为0。

项目十一　正多边形命令

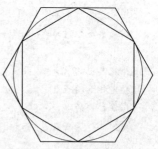

　　正多边形命令创建的对象是以多段线对象为基准建立起来的正多边形。

　　正多边形的命令启动方式有以下三种：

① 命令：POLYGON 简写 POL。

② 菜单：绘图→正多边形。

③ 工具栏：单击绘图工具栏的正多边形按钮 。

　　任务二十二：已知圆的半径为50，使用正多边形命令绘制两个正六边形，完成后如图 3-22 所示。

图 3-22　正多边形的绘制一

命令：POL ↙
POLYGON
[多个(M)/线宽(W)]或输入边的数目 <4>：6 ↙　　//输入正六边形的边数6
指定正多边形的中心点或[边(E)]：　　//捕捉圆心为正六边形的中心点
输入选项[内接于圆(I)/外切于圆(C)] <I>：↙　　//按【Enter】键选择默认子命令 I
指定圆的半径：　　//捕捉圆的上象限点，指定半径及方向
命令：↙ POLYGON　　//按【Enter】键，重复执行正多边形命令
[多个(M)/线宽(W)]或输入边的数目 <6>：↙　　//按【Enter】键，选择默认边数6
指定正多边形的中心点或[边(E)]：　　//捕捉圆心为正六边形的中心点
输入选项[内接于圆(I)/外切于圆(C)] <I>：C ↙　　//输入外切于圆子命令 C
指定圆的半径：　　//捕捉圆的上象限点，指定半径及方向

　　这两个正多边形在绘制过程中,只有一个子命令不同,其他的完全一样,但其绘制结果差别很大。

　　任务二十三:已知两点 A、B,是正五边形的两个相邻顶点,使用正多边形命令绘制这两个正五边形,完成后如图 3-23 所示。

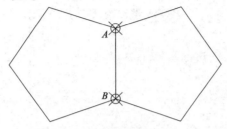

图 3-23　正多边形的绘制二

命令:POL↙

POLYGON

[多个(M)/线宽(W)]或输入边的数目<6>:5　　　　　//输入要绘制的正多边形

指定正多边形的中心点或[边(E)]:E↙　　　　　　//更改绘制正多边形的子命令

指定边的第一个端点:　　　　　　　　　　　　　//指定点 A

指定边的第二个端点:　　　　　　　　　　　　　//指定点 B

命令:POL↙

POLYGON

[多个(M)/线宽(W)]或输入边的数目<5>:

指定正多边形的中心点或[边(E)]:E↙

指定边的第一个端点:　　　　　　　　　　　　　//与前面不同,先指定点 B

指定边的第二个端点:　　　　　　　　　　　　　//在指定点 A

小提示:

　　在执行正多边形命令后,输入多个子命令 M,可以连续绘制多个正多边形对象,直到用户按【Enter】键结束。在输入正多边形的边数时。边数的取值范围为 3～1024 之间的所有整数。

项目十二　多线样式、多线命令与多线编辑

　　在使用多线命令之前,必须对多线样式进行设置,然后才能使用多线绘制图形,要对绘制的多线之间相交的关系进行修改需要使用多线编辑命令。我们在这里通过以绘制墙体和梁为例,讲述三个命令的使用方法。

　　设置多线样式的命令启动方式有:

　　① 命令:MLSTYLE。

　　② 菜单:格式→多线样式。

　　绘制多线的命令启动方式有:

　　① 命令:MLINE 简写 ML。

　　② 菜单:绘图→多线。

多线编辑的命令是：

菜单：修改→对象→多线。

任务二十四：新建多线样式"墙体"和"梁"，分别编辑和修改元素的数目和特性，背景颜色和端点封口等，如图 3-34 ~ 图 3-26 所示。

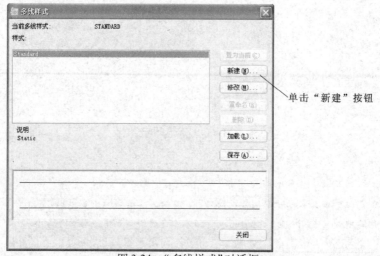

图 3-24 "多线样式"对话框

图 3-25 "创建新多线样式"对话框

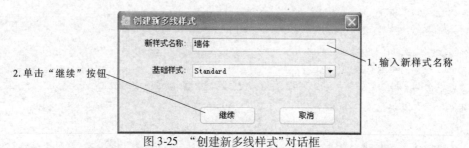

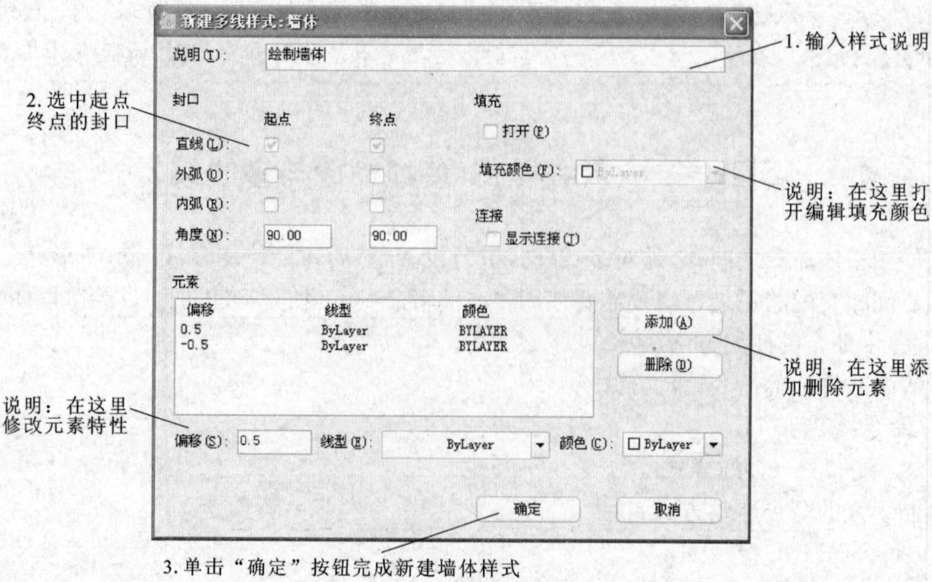

3.单击"确定"按钮完成新建墙体样式

图 3-26 编辑墙体样式

命令:MLSTYLE。

再新建一个"梁"样式,更改元素的偏移分别为 1.2 和 -2.5,并打开颜色填充,把填充颜色设为 BYLAYER;单击"确定"按钮后返回"多线样式"对话框中,选中"墙体"样式后单击"置为当前"按钮,关闭"多线样式"对话框。

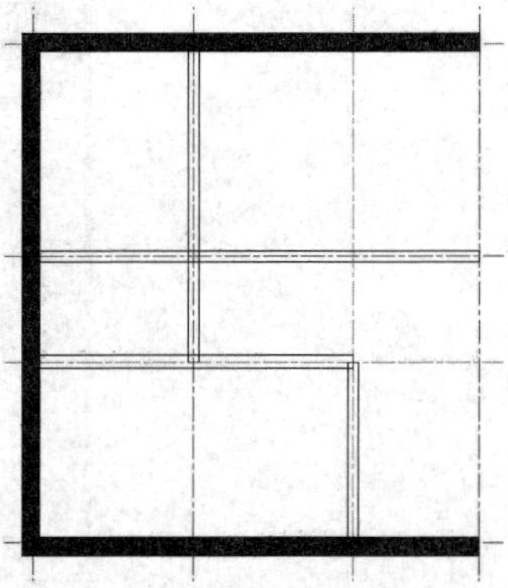

任务二十五:使用多线命令在轴网上绘制墙体和梁,完成后如图 3-27 所示。

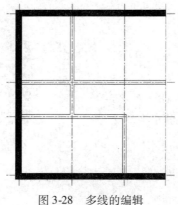

图 3-27 多线的绘制

1. 绘制墙体

命令:ML↙

MLINE

当前设置:对正=上,比例=20.00,样式=墙体

指定起点或[对正(J)/比例(S)/样式(ST)]:S↙　　//查看当前设置,输入比例子命令 S

输入多线比例 <20.00>:240↙　　//输入多线比例为 240

当前设置:对正=上,比例=240.00,样式=墙体

指定起点或[对正(J)/比例(S)/样式(ST)]:J↙　　//输入对正子命令 J

输入对正类型[上(T)/无(Z)/下(B)]<上>:Z↙　　//输入对正类型为无的子命令 Z

当前设置:对正=无,比例=240.00,样式=墙体

指定起点或[对正(J)/比例(S)/样式(ST)]:　　//捕捉轴网的交点,按图绘制墙体

2. 绘制梁

命令:ML↙

MLINE

当前设置:对正=无,比例=240.00,样式=墙体

指定起点或[对正(J)/比例(S)/样式(ST)]:ST↙　　//查看当前设置,输入样式子命令 ST

输入多线样式名或[?]:梁↙　　//输入多线样式名"梁"

当前设置:对正=无,比例=240.00,样式=梁

指定起点或[对正(J)/比例(S)/样式(ST)]:S↙　　//查看当前设置,输入比例子命令 S

输入多线比例 <240.00>:100↙　　//输入多线比例为 100

指定起点或[对正(J)/比例(S)/样式(ST)]:　　//捕捉轴网的交点,按图绘制梁

任务二十六:使用多线编辑命令编辑多线间的相交关系,完成后如图 3-28 所示。

图 3-28 多线的编辑

命令:MLEDIT ↙   //打开"多线编辑工具"对话框,如图 3-29 所示

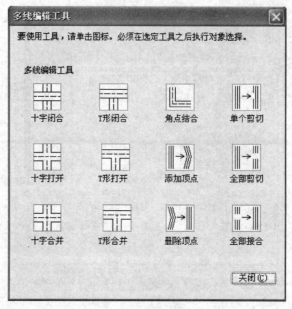

图 3-29 "多线编辑工具"对话框

选择相对应的多线编辑工具"十字打开"、"T 形合并"和"角点结合"等单击进行与图形相对应的多线编辑。完成后如图 3-28 所示。

小提示:

进行多线样式设置时,多线对象最多可包含 16 个元素,也就是 16 条直线。在进行绘制多线时,一定要调整好当前设置,并按正确的方向进行绘制;当对绘制的多线进行编辑时,要注意选择两条多线的先后,且编辑工具命令是可以重复使用的。

项目十三　圆环命令

圆环命令是用来绘制圆环对象的,它是由宽弧线段组成的闭合多段线构成的。

圆环的命令启动方式有:

① 命令:DONUT。

② 菜单:绘图→圆环。

任务二十七:认识圆环的内径和外径,绘制圆环,完成后如图 3-30 所示(图中圆环为选中状态,可以显示夹点)。

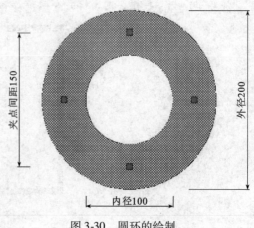

图 3-30　圆环的绘制

命令:DONUT ↙

指定圆环的内径 < 0.5000 > :100 ↙　　　//输入圆环的内径 100

指定圆环的外径 < 1.0000 > :200 ↙　　　//输入圆环的外径 200

指定圆环的中心点或 < 退出 > :　　　　　//单击绘图区域,指定圆环的中心点

小提示:

> 指定圆环内圆直径。若内圆直径为 0,绘制的对象将成为填充圆。
>
> 圆环体中心点可确定圆环的位置。按【Enter】键之前,系统会不断提示要求用户指定"圆环体中心"。

项目十四　样条曲线命令

样条曲线命令绘制的线是经过一系列给定点的光滑曲线。

样条曲线的命令启动方式有以下三种:

① 命令:SPLINE 简写 SPL。

② 菜单:绘图→样条曲线。

③ 工具栏:单击绘图工具栏的样条曲线按钮 。

任务二十八:在已知矩形(100×30)中绘制样条曲线切向为 60°(先进行定数等分点),完成后如图 3-31 所示。

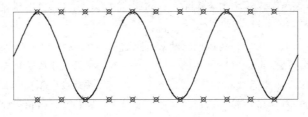

图 3-31　样条曲线的绘制

命令:SPL ↙

SPLINE

指定第一个点或[对象(O)]:　　　　　　　　　　　　//捕捉左侧垂线中点为第一点

指定下一点:　　　　　　　　　　　　　　　　　　　//依次捕捉节点绘制样条曲线

指定下一点或[闭合(C)/拟合公差(F)] < 起点切向 > :

指定下一点或[闭合(C)/拟合公差(F)] < 起点切向 > :

指定下一点或[闭合(C)/拟合公差(F)] < 起点切向 > :

指定下一点或[闭合(C)/拟合公差(F)] < 起点切向 > :

指定下一点或[闭合(C)/拟合公差(F)] < 起点切向 > :

指定下一点或[闭合(C)/拟合公差(F)] < 起点切向 > :

指定下一点或[闭合(C)/拟合公差(F)] < 起点切向 > ://按【Enter】键执行子命令起点切向

指定起点切向:　　　　　　　　　　　　　　　　　//利用极轴追踪捕捉起点切向角度

指定端点切向:　　　　　　　　　　　　　　　　　//利用极轴追踪捕捉端点切向角度

小提示：

如果想绘制一个封闭的样条曲线，可以将最后一个点与第一个点连接起来，形成封闭区域。指定的一个点可用来定义切向矢量，或者使用"切点"和"垂足"对象捕捉模式使样条曲线与现有对象相切或垂直。

项目十五　修订云线命令

修订云线命令可以绘制由多个圆弧连接组成的云线形多段线对象。指定起点后，移动鼠标开始绘制，当鼠标捕捉到起点时绘制成封闭的云线。

修订云线的命令启动方式有以下三种：

① 命令：REVCLOUD。

② 菜单：绘图→修订云线。

③ 工具栏：单击绘图工具栏的修订云线按钮。

任务二十九：使用修订云线命令将已知矩形（120×80、100×60）编辑成修订云线，完成后如图 3-32 所示。

图 3-32　绘制修订云线

命令：REVCLOUD↙

最小弧长：15　最大弧长：15　样式：普通

指定起点或［弧长(A)/对象(O)/样式(S)］<对象>：S↙　　　//输入样式子命令 S

请选择圆弧样式［普通(N)/手绘(C)］<普通>：C↙　　　//输入手绘子命令 C

圆弧样式 = 手绘

指定起点或［弧长(A)/对象(O)/样式(S)］<对象>：A↙　　　//输入弧长子命令 A

指定最小弧长 <15>：5↙　　　//更改最小弧长为 5

指定最大弧长 <5>：15↙　　　//更改最大弧长为 15

指定起点或［弧长(A)/对象(O)/样式(S)］<对象>：↙　　　//按【Enter】键执行默认命令

选择对象：　　　//单击外侧矩形

反转方向［是(Y)/否(N)］<否>：↙　　　//按【Enter】键选否

修订云线完成。

命令：REVCLOUD↙

最小弧长：5　最大弧长：15　样式：手绘

指定起点或［弧长(A)/对象(O)/样式(S)］<对象>：S↙

请选择圆弧样式［普通(N)/手绘(C)］<手绘>：N↙　　　//更改样式这普通

圆弧样式 = 普通

指定起点或［弧长(A)/对象(O)/样式(S)］<对象>：A↙

指定最小弧长 <5>：10↙　　　//更改最小、最大弧长均为 10

指定最大弧长 <10>：

指定起点或［弧长(A)/对象(O)/样式(S)］<对象>：

选择对象：

反转方向［是(Y)/否(N)］<否>：Y↙　　　//选择反转方向

小提示：

要注意的是，最大弧长不能超过最小弧长的 3 倍。设置的最大和最小弧长将保存在系统注册表中，下一次调用时，此值就是当前值。当系统和使用不同比例因子的图形一起使用时，可让设置的弧长乘以系统变量 DIMSCALE 的值以保持统一。

小 结

通过本模块的学习，用户能够熟练掌握简单二维图形的基本绘制方法，对一些由简单二维图形组合的图形能够快速绘制，另外要求一种图形要掌握多种绘制方法，根据已知条件的不同，使用不同的绘制方法。

拓展训练

一、选择题

1. 下面( )命令不能绘制三角形。

A. LINE   B. RECTANG   C. POLYGON   D. PLINE

2. 下面( )命令可以绘制连续的直线段，且每一部分都是单独的线对象。

A. POLYGON   B. RECTANGLE   C. POLYLINE   D. LINE

3. 下面( )对象不可以使用 PLINE 命令来绘制。

A. 直线   B. 圆弧

C. 具有宽度的直线   D. 椭圆弧

4. 下面( )命令以等分长度的方式在直线、圆弧等对象上放置点或图块。

A. POINT   B. DIVIDE   C. MEASURE   D. SOLIT

5. 可以使用下面( )命令来设置多线样式和编辑多线。

A. MLSTYLE，MLINE   B. MLSTYLE，MLEDIT

C. MLEDIT，MLSTYLE   D. MLEDIT，MLINE

6. 应用相切、相切、相切方式画圆时，( )。

A. 相切的对象必须是直线   B. 从下拉菜单激活画圆命令

C. 不需要指定圆的半径和圆心   D. 不需要指定圆心但要输人圆的半径

7. ( )是中望 CAD 中另一种辅助绘图命令，它是一条没有端点而无限延伸的线，它经常用于建筑设计和机械设计的绘图辅助工作中。

A. 样条曲线   B. 射线   C. 多线   D. 构造线

8. ( )命令常用来绘制建筑工程上的墙线。

A. 直线   B. 多段线   C. 多线   D. 样条曲线

9. 运用"正多边形"命令绘制的正多边形可以看做是一条( )。

A. 多段线   B. 构造线   C. 样条曲线   D. 直线

10. 在中望 CAD 中,使用"绘图"→"矩形"命令可以绘制多种图形,以下答案中最恰当的是(　　)。

A. 圆角矩形 　　　　B. 有厚度的矩形 　　　C. 倒角矩形 　　　D. 以上答案全正确

11. 在绘制多段线时,当在命令行提示输入 A 时,表示切换到(　　)绘制方式。

A. 角度 　　　　　　B. 圆弧 　　　　　　　C. 直径 　　　　　D. 直线

12. 在绘制二维图形时,要绘制多段线,可以选择(　　)命令。

A. "绘图"→"多段线" 　　　　　　　　　　B. "绘图"→多线

C. "绘图"→"3D 多段线" 　　　　　　　　D. "绘图"→"样条曲线"

13. 在绘制圆弧时,已知道圆弧的圆心、弦长和起点,可以使用"绘图"→"圆弧"命令中的(　　)子命令绘制圆弧。

A. 起点、端点、方向　　B. 起点、端点、角度　　C. 起点、圆心、长度　　D. 起点、圆心、角度

二、使用绘图工具绘制图 3-33 ~ 图 3-48 图形

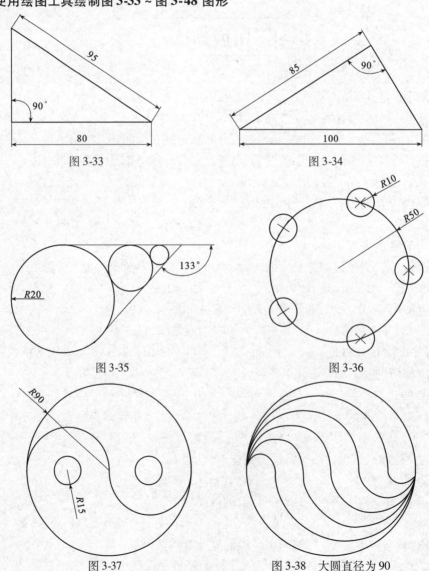

图 3-33

图 3-34

图 3-35

图 3-36

图 3-37

图 3-38　大圆直径为 90

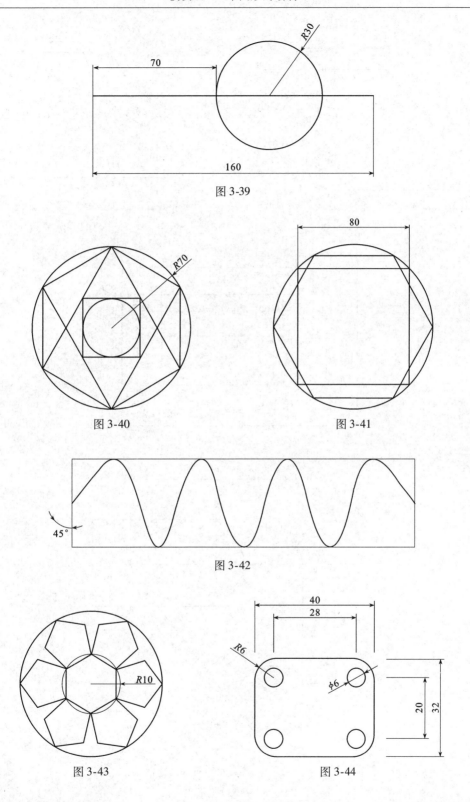

图 3-39

图 3-40

图 3-41

图 3-42

图 3-43

图 3-44

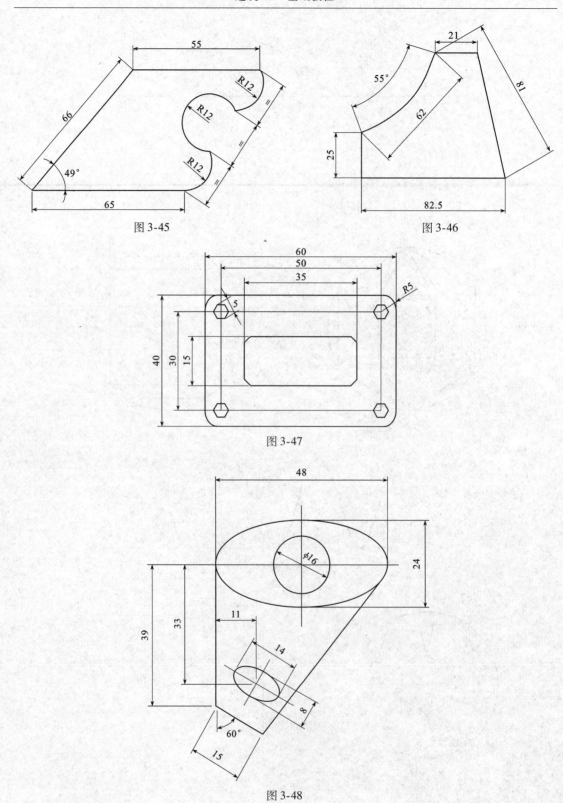

图 3-45

图 3-46

图 3-47

图 3-48

教学目标：

☆ 熟练掌握利用捕捉、栅格和正交功能精确定位点；

☆ 熟练掌握对象捕捉和自动追踪功能；

☆ 熟练掌握使用对象捕捉和自动追踪功能绘制图形的方法。

教学重点：

☆ 熟练掌握对象捕捉和自动追踪功能；

☆ 熟练掌握使用对象捕捉和自动追踪功能绘制图形的方法。

教学难点：

☆ 熟练掌握利用对象捕捉和自动追踪功能精确绘制图形的方法。

模块四　灵活使用中望 CAD 的辅助功能

中望 CAD 能够精确绘制图形保证每个细节部分的准确无误，是因为它自身具备多种辅助功能，用户为了准确、高效地绘制图形，辅助功能的应用必不可少。

项目一　使用捕捉、栅格和正交功能精确定位

在绘制图形的时候，用户可以通过移动光标来确定点的位置，但该方法很难精确无误。用户要精确定位点，可以使用栅格、捕捉和正交功能。捕捉可以设定鼠标指针移动的间距大小。栅格是一些设定位置的点，可以直观地提供距离和位置的参考。正交可以方便用户在绘图窗口绘制水平线和垂直线。

一、栅格和捕捉

栅格是由一系列排列规则的点组成的点阵，有助于定位和捕捉配合使用，可以提高绘图的精度和效率。

通过打开"草图设置"对话框，对栅格的 X、Y 轴间距，栅格的开启和关闭进行设置。

打开"草图设置"对话框的方式有：

① 命令：DSETTING 简写 DS。

② 菜单：工具→草图设置。

任务一：将栅格 X、Y 轴的参数设置为 10，并开启"启用栅格"功能；捕捉 X、Y 轴的参数设置为 10。

① 命令：DS，打开如图 4-1 所示对话框进行设置。

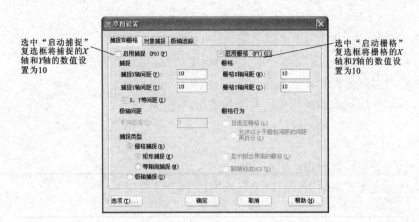

选中"启动捕捉"复选框将捕捉的X轴和Y轴的数值设置为10

选中"启动栅格"复选框将栅格的X轴和Y轴的数值设置为10

图 4-1　"草图设置"对话框

② 设置完成后,单击"确定"按钮。

在中望 CAD 中也可以通过执行 GRID 命令设置栅格间距,并打开栅格显示。并且也可以通过执行 SNAP 命令设置 X 轴和 Y 轴间距的数值。

小提示:

单击状态区"栅格"按钮或按【F7】键可以切换栅格的开启与关闭,单击状态区"捕捉"按钮或按【F9】键可以切换捕捉的开启与关闭。用户绘图时栅格与捕捉需配合使用,捕捉和栅格的 X、Y 轴间距的数值相等(或一半),这样才能保证鼠标定位的准确。

二、正交

用鼠标绘制水平线与垂直线时,准确绘制非常困难,误差较大,用户可以使用正交功能。当打开正交功能时,用户在绘图窗口只能绘制水平线和垂直线,线的角度严格的被限定为0°、90°、180°、270°。

正交功能的命令启动方式有:

① 命令:ORTHO。

② 单击状态栏的"正交"按钮或按【F8】键打开或关闭。

任务二:利用正交功能绘制如图 4-2 所示的图形。

单击状态栏的"正交"按钮打开正交功能。

命令:L↙

LINE

指定第一点:0,0↙

指定下一点:140↙

指定下一点:90↙

指定下一点:40↙

指定下一点:50↙

指定下一点:60↙

指定下一点:50↙

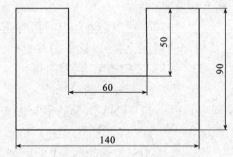

图 4-2　利用正交模式画线

指定下一点:40 ✓
指定下一点:C ✓

小提示:

当用户绘制斜线时,一定要关闭正交功能,否则绘制出来都是水平线或者是垂直线。

项目二　中望 CAD 对象捕捉功能

用户在绘图的时候,经常需要用到图形对象上一些特征点,例如:圆弧的端点或中点、圆的圆心、两个对象的交点等,如果用户只是通过眼睛观察来拾取,那是不可能精确找到这些点的。中望 CAD 向用户提供了对象捕捉功能,利用这个功能,用户可以在已有的图形对象上准确的捕捉到这些特征点,从而能够精确的绘制图形。用户可以通过对象捕捉工具栏、"草图设置"对话框、对象捕捉快捷菜单等方法应用对象捕捉功能。

一、打开对象捕捉的几种方法

1. 通过"草图设置"对话框打开对象捕捉功能

其命令是 DDOSNAPD、或者通过菜单选择"工具"→"草图设置"选项,打开"草图设置"对话框,选择"对象捕捉"选项卡,选中"启用对象捕捉"复选框,选择相应的特征点,单击"确定"按钮即可。

2. 对象捕捉工具栏

用户绘图时,当要确定点时,单击"对象捕捉"工具栏上对应的特征点按钮,如图 4-3 所示,再将光标移动到绘图窗口中图形对象的特征点附近,这样就能够捕捉到相应的特征点。

图 4-3　"对象捕捉"工具栏

3. 对象捕捉快捷菜单

用户绘图需要指定点时,可按住【Shift】键的同时右击,会打开如图 4-4 所示的对象捕捉快捷菜单,用户可以选择需要的捕捉模式,再把光标移到对象捕捉的特征点附近,可以捕捉到相应的特征点。

在"对象捕捉"快捷菜单中,除了"点过滤器"外其余各项都与对象捕捉工具栏中的各种捕捉模式相对应。"点过滤器"选项中各子命令可用于满足指定坐标条件的点。

图 4-4　"对象捕捉"快捷菜单

表4-1 列出了对象捕捉的模式及功能,与图4-3 所示的工具栏图标及4-4 所示的快捷菜单命令相对应,现对部分捕捉模式进行应用。

表 4-1 对象捕捉模式功能表

捕捉模式	功 能
临时点追踪点	建立临时追踪点
自	建立一个临时参考点,作为指出后继点的基点
两点之间的中点	捕捉两个独立点之间的中点
点过滤器	由坐标选择点
端点	线段或圆弧的端点
中点	线段或圆弧的中点
交点	线、圆弧或圆等的交点
外观交点	图形对象在视图平面上的交点
延伸	指定对象的延伸线
中心	圆或圆弧的圆心
象限点	光标最近的圆或圆弧上可见部分的象限点,如圆周上 0°、90°、180°、270°位置上的点
切点	最后生成的一个点到选中的圆或圆弧上引切线的切点的位置
垂足	在线段圆圆弧或它们的延长线上捕捉一个点,使之和最后生成的点的连线与该线段、圆或圆弧正交
平行	绘制与指定对象平行的图形对象
节点	捕捉用 POINT 或 DIVIDE 等命令生成的点
插入点	文本对象和图块的插入点
最近点	离拾取点最近的线段、圆、圆弧等对象上的点
无	关闭对象捕捉
对象捕捉设置	设置对象捕捉

二、对象捕捉的几种模式

1.“自”模式

“自”模式是建立一个临时参考点,作为指出后继点的基点,通常与其他对象捕捉模式及相关坐标一起使用。

任务三:利用“自”模式绘制如图4-5 所示图形。

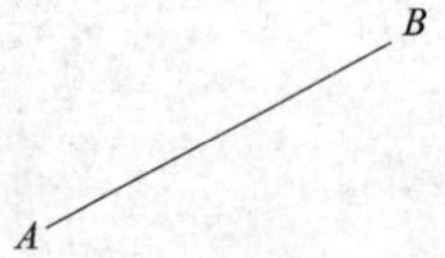

命令:L↙

LINE

指定第一点:50,50↙

指定下一点或[闭合(C)/放弃(u)]:FROM↙

基点:100,100↙

〈偏移〉:@ -30,30↙

指定下一点或[闭合(C)/放弃(u)]↙

图 4-5 “自”模式绘制线段

这样就绘制出如图 4-5 所示的从 A 点(50,50)到 B(70,130)的一条线段。

2.“垂足”模式

利用“垂足”模式可以绘制已知直线的垂直线。

任务四:过线段外的一点 A 做已知线段 BC 的垂线 AD。

首先在绘图窗口中任意画一条线 BC,然后执行以下操作:

命令:L↙

LINE

指定第一点: //在绘图窗口中用鼠标任意拾取一点作为 A 点

54

指定下一点或〔闭合(C)/放弃(u)〕PER↙ //将光标放到 BC 上移动,当显示垂足字样时单击,确定 D 点
指定下一点或〔闭合(C)/放弃(u)〕↙

绘制结果如图 4-6 所示。

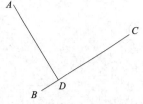

图 4-6　利用垂足模式绘制垂线

三、自动捕捉

用户在绘图过程中,有时需要确定的特征点有多个,可以使用自动捕捉功能,提高绘图效率。

自动捕捉就是用户根据绘图的实际需要,提前选择好捕捉模式,每当绘图过程中命令行提示要确定点时,用户只要将光标移到一个图形对象点上,系统就自动捕捉到该对象上靠近光标的特征点,并显示出相应的标记,用户单击即可确定该特征点。

用户可以利用 DDOSNAPD 命令打开如图 4-7 所示对话框,启用对象捕捉,并选择需要的特征点,单击"确定"按钮即可。

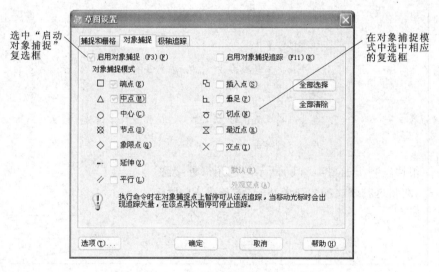

图 4-7　自动捕捉模式的设置

四、运行捕捉和覆盖捕捉

对象捕捉模式又可以分为运行捕捉模式和覆盖捕捉模式。

用户在"草图设置"对话框的对象捕捉选项卡中,设置的对象捕捉模式一直处于运行状态,直到关闭它们为止,这种捕捉模式称为运行捕捉模式。

用户在系统提示确定点的时候,单击对象捕捉工具栏的某个按钮或在对象捕捉快捷菜单中选某一个选项,为临时打开对象捕捉模式,称为覆盖捕捉。它只对本次捕捉有效,命令行中会出现一个"于"字。

55

任务五:利用覆盖捕捉绘制如图 4-8 所示的三角形的外接圆。

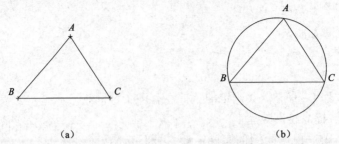

（a） （b）

图 4-8 利用覆盖捕捉方式绘制图形

首先绘制一个如图 4-8(a)所示的三角形,然后按照以下提示操作。

命令:C↙

CIRCLE

指定圆的圆心或[三点(3P)/两点(2P)/切点、切点、半径(T)]:3P↙

指定圆的第一点: //单击捕捉工具栏的 ⊠ ,然后在绘图窗口中移动光标至 A 点附近,当 A 处出现标记时单击

指定圆的第二点: //单击捕捉工具栏的 ⊠ ,然后在绘图窗口中移动光标至 B 点附近,当 B 处出现标记时单击

指定圆的第三点: //单击捕捉工具栏的 ⊠ ,然后在绘图窗口中移动光标至 C 点附近,当 C 处出现标记时单击

此方法很快绘制出如图 4-8(b)所示的三角形外接圆。

任务六:利用运行捕捉绘制圆的公切线,如图 4-9 所示。

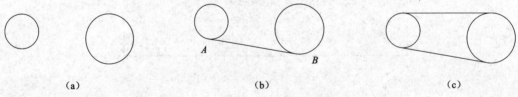

（a） （b） （c）

图 4-9 利用运行捕捉方式绘制图形

首先绘制如 4-9(a)所示的两个圆,然后按照以下操作进行。

命令:DDOSNAPD↙,打开如图 4-10 所示对话框。

命令:L↙

LINE

指定第一点: //移动光标至 A 点附近,当 A 处出现切点标记时单击

LINE

指定第二点 //移动光标至 B 点附近,当 B 处出现切点标记时单击。绘制如图 4-9(b)所示图形

重复上面的操作可绘制如图 4-9(c)所示的图形。

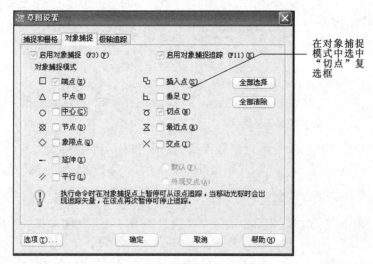

图 4-10　自动捕捉模式的设置

小提示：

> 用户绘制的单点和多点,在绘图过程中显示的特征点为节点;而文字和块显示的则是插入点;圆有 4 个象限点,圆弧也有象限点,具体几个要看圆弧的形状。

项目三　中望 CAD 自动追踪功能

自动追踪功能是中望 CAD 一个非常适用的辅助功能,它包括极轴追踪和对象追踪方式。应用极轴追踪方式,可以方便地捕捉到所设角度线上的任意点;应用对象捕捉方式,可以捕捉到指定对象延长线上的点。

任务七:利用自动追踪的对象捕捉追踪方式绘制以如图 4-12(a)所示的矩形中心点为圆心,直径为 10 的圆。

① 命令:DS,打开如图 4-11 所示对话框。

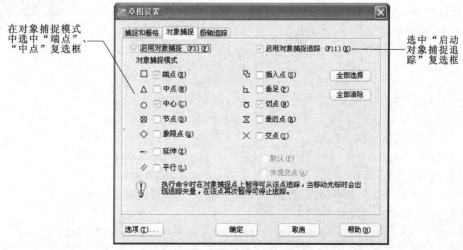

图 4-11　自动捕捉追踪模式的设置

57

② 设置完成后单击"确定"按钮,然后按照下面提示进行操作:

命令:C↙

CIRCLE

指定圆的圆心或〔三点(3P)/两点(2P)/相切、相切、半径(T):

　　　　　　//移动光标至矩形左边的中点附近稍做停留,直到出现小十字标记,水平方向向

　　　　　　右拉出追踪虚线

　　移动光标至矩形上边的中点附近稍做停留,直到出现小十字标记,竖直向下拉出追踪虚线,当两条对象追踪虚线交点出现如图4-12(b)所示的"×"标记时单击,圆心位置确定。

指定圆的半径或〔直径(D)〕:30↙

　　通过以上的操作,绘制出以矩形中心为圆心直径为10的圆,如图4-12(c)所示。

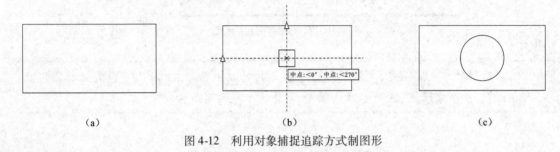

(a)　　　　　　　　　　　(b)　　　　　　　　　　　(c)

图4-12　利用对象捕捉追踪方式制图形

小提示:

　　对象捕捉追踪方式的应用必须与固定对象捕捉相配合,捕捉某点延长线上的任意点。对象捕捉追踪方式的使用可通过单击状态栏中"对象追踪"按钮或按【F11】键进行切换。

　　通过单击状态栏上的"极轴"按钮,打开极轴追踪。打开极轴追踪功能后,光标就按用户设定的极轴方向移动,中望CAD将在该方向上显示一条追踪辅助线及光标点的极坐标值,如图4-13所示。

图4-13　极轴追踪

　　任务八:绘制如图4-15所示的图形。

　　命令:DDOSNAPD,打开如图4-14所示对话框。

命令:L↙　　　　　　　　　　　　　　//拾取点A,如图4-15所示

指定下一点或〔放弃(u)〕:30↙　　　　//沿0°方向追踪输入AB长度

指定下一点或〔放弃(u)〕:10↙　　　　//沿120°方向追踪输入BC长度

指定下一点或〔闭合(C)/放弃(u)〕:15↙　//沿30°方向追踪输入CD长度

指定下一点或〔闭合(C)/放弃(u)〕:10↙　//沿300°方向追踪输入DE长度

指定下一点或〔闭合(C)/放弃(u)〕:20↙　//沿90°方向追踪输入EF长度

指定下一点或〔闭合(C)/放弃(u)〕:43↙　//沿180°方向追踪输入FG长度

指定下一点或〔闭合(C)/放弃(u)〕:C↙

用户可在系统
预设的"增量
角度"下拉列
表中选定增量
角30

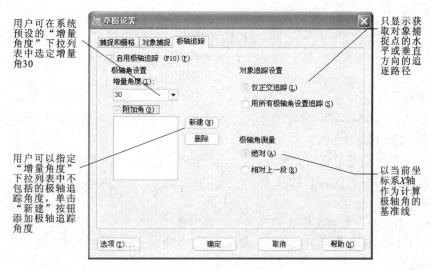

只显示获
取对象捕
捉点的水
平或垂直
方向的追
逐路径

用户可以指定
"增量角度"
下拉列表中不
包括的极轴追
踪角度,单击
"新建"按钮
添加极轴追踪
角度

以当前坐
标系X轴
作为计算
极轴角的
基准线

图 4-14　设置极轴追踪角

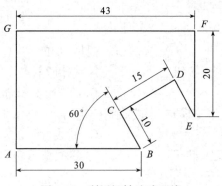

图 4-15　利用极轴追踪画线

小提示:

> ① 极轴追踪方式的打开与关闭可以通过单击状态栏的极轴按钮或按【F10】键切换。
> ② 光标可以追踪到增量角的整数倍,例如:增量角设置成 60°,那么光标可以追踪的角度有 60°、120°、180°、240°、300°、360°;而附加角则只能追踪附加角本身,如附加角设置成 75°,那么光标就只能追踪到 75°。

小　　结

在本模块中我们学习了中望 CAD 提供的绘图辅助工具,主要包括正交、栅格、捕捉、对象捕捉、极轴追踪等功能,在绘图过程中,用户灵活运用这些辅助工具,能够提高绘图的准确性和效率。

拓展训练

一、填空题

1. 捕捉用于设定鼠标指针移动的_____。_____是一些标定位置的小点,它可以提供直观的距离和位置参考。

2. 中望 CAD 的自动追踪功能分为_____和_____两种。

3. 正交模式使用时,光标只能在_____和_____方向移动,所以正交模式不能与极轴追踪模式同时打开。

4. 中望 CAD 中,对象捕捉模式分为_____和_____。

5. 中望 CAD 中,自动追踪是一个非常有用的辅助绘图功能,可分为_____和_____两种。

6. 中望 CAD 中,提供的辅助工具包括:_____、_____、_____、_____、_____、_____。

二、选择题

1. 在中望 CAD 中,不能用(　　)方法打开"栅格"功能。

A. 在状态栏中单击"栅格"按钮　　　　　　B. 按【F7】键

C. 按【F9】键　　　　　　　　　　　　　　D. 在"捕捉和栅格"选项卡中"启动栅格"

2. 在中望 CAD 中,打开正交模式,不能绘制(　　)。

A. 垂直线　　　　　B. 水平线　　　　　C. 斜线

3. 在对象捕捉快捷菜单中,除了(　　)外其余各项都与"对象捕捉"工具栏中的各种捕捉模式相对应。

A. 临时追踪点　　　B. 点过滤器　　　C. 象限点　　　　D. 切点

三、使用捕捉功能和自动追踪绘制图 4-16 ~ 图 4-20 所示图形

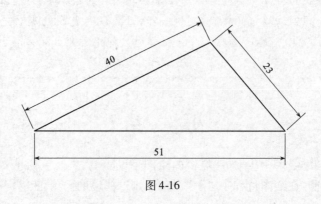

图 4-16

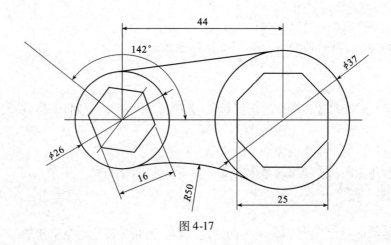

图 4-17

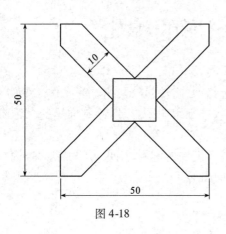

图 4-18

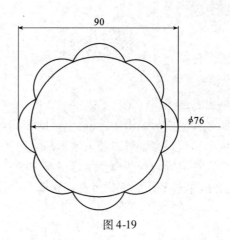

图 4-19

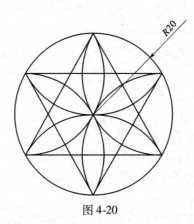

图 4-20

教学目标：

☆ 掌握二维修改命令及其简写；
☆ 熟练掌握各二维修改命令及其子命令的使用方法。

教学重点：

☆ 熟练掌握二维修改命令中的选择对象、删除、拉伸、移动、复制、偏移、镜像、旋转、缩放、阵列、夹点的使用、延伸、对齐、倒角、圆角、分解；
☆ 熟练掌握以上二维修改命令中的子命令；
☆ 综合应用绘图命令和修改命令完成复杂图形的快速绘制。

教学难点：

☆ 熟练掌握旋转、缩放、阵列、夹点的使用、倒角、圆角等修改命令及其子命令；
☆ 综合应用绘图命令和修改命令完成复杂图形的快速绘制。

模块五　二维图形的编辑

编辑二维图形就是对二维的平面图形对象进行移动、旋转、复制、缩放等操作。中望 CAD 提供了强大的图形编辑功能，可以帮助我们合理地构造和组织图形，以绘制准确的二维图形。合理地运用编辑命令可以极大地提高绘图效率。

本模块内容与绘图命令结合得非常紧密。通过本模块的学习，用户可以掌握编辑命令的使用方法，能够利用绘图命令和编辑命令制作复杂的图形。

项目一　选择对象

在图形编辑前，首先要选择需要进行编辑的图形对象，然后再对其进行编辑加工。中望 CAD 会将所选择的对象虚线显示，这些所选择的对象被称为选择集。选择集可以包含单个对象，也可以包含更复杂的多个对象。选择对象的方法有很多，我们把几种最常用的介绍给大家。

任务一：设置单击自动加选。

① 命令：OPTIONS 简写 OP，打开如图 5-1 所示对话框。

② 菜单：工具→选项→选择集。

任务二：使用"窗口"选择对象，选择图中的正七边形。

① 窗口选择：选取完全包含在矩形选取窗口中的对象。

② 操作：单击向屏幕右侧拖动，将目标对象完全包含在矩形选取窗口中，再次单击，完成选择，如图 5-2 所示。

任务三：使用"窗口交叉"选择对象，选择图中的全部多边形。

① 窗口交叉选择：选取与矩形选取窗口相交或包含在矩形窗口内的所有对象。

② 操作:单击向屏幕左侧拖动,将目标对象完全包含在矩形选取窗口中,或者与矩形选取框有交叉,再次单击,完成选择,如图 5-3 所示。

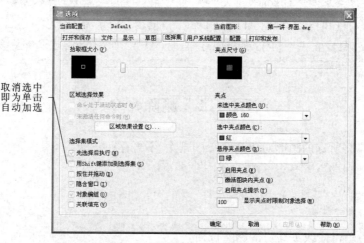

图 5-1　设置单击自动加选

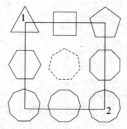

图 5-2　按窗口方式选择对象

图 5-3　按交叉方式选择对象

任务四:使用"快速选择",选取图形中所有的圆。

① 命令:QSELECT。

② 菜单:工具→快速选择,如图 5-4 所示。

完成结果如图 5-5 所示。

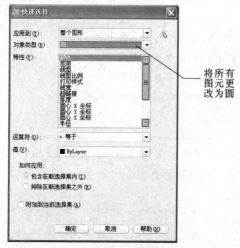

图 5-4　使用快速选择命令选择对象

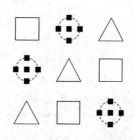

图 5-5　选取所有的圆的结果

小提示：

> 当命令行提示要选择对象时，输入"?"，将显示如下提示信息：需要点或窗口（W）/最后（L）/相交（C）/框（BOX）/全部（ALL）/围栏（F）/圈围（WP）/圈交（CP）/组（G）/添加 A。/删除（R）/多个（M）/上一个（P）/撤销（U）/自动（AU）/单个（SI），可以有更多的选择方法。

项目二　删除命令

删除命令是将所选的图形对象从绘图区删除，不再存在。

删除命令的启动方式有：

① 命令：ERASE 简写 E。

② 菜单：修改→删除。

③ 工具栏：单击修改工具栏的删除按钮 。

任务五：删除图 5-6（a）中的圆，完成后如图 5-6（b）所示。

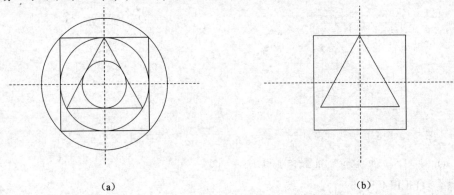

（a）　　　　　　　　　　　　　　　　（b）

图 5-6　删除命令

命令：E✓
ERASE
选择对象：找到 1 个　　　　　　　　　　//单击加选，选中第一个圆
选择对象：找到 1 个，总计 2 个　　　　　//单击加选，选中第二个圆
选择对象：找到 1 个，总计 3 个　　　　　//单击加选，选中第三个圆
选择对象：✓　　　　　　　　　　　　　//按【Enter】键或【Space】键，确认删除

小提示：

> 如果选择了不想删除的对象，可以按【Esc】键退出删除操作，或者按住【Shift】键进行减选对象的操作。删除命令也可以先进行删除对象的选择，然后输入删除命令，或者按【Delete】键，同样也可以完成删除操作。

项目三　拉伸命令

拉伸命令是把选取的图形对象,使其中一部分移动,同时维持与图形其他部分的连接。可拉伸的对象包括与选择窗口相交的圆弧、椭圆弧、直线、多段线线段、二维实体、射线、宽线和样条曲线等。

拉伸命令的启动方式有以下三种:

① 命令:STRETCH 简写 S。

② 菜单:修改→拉伸。

③ 工具栏:单击修改工具栏的拉伸按钮 。

任务六:将图5-7(a)中正六边形进行拉伸,完成后如图5-7(c)所示。

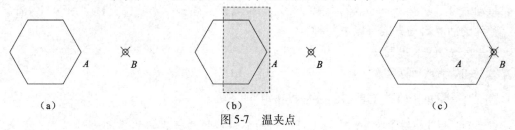

（a）　　　　　　　　　（b）　　　　　　　　　（c）

图5-7　温夹点

命令:S↙

STRETCH

以交叉窗口或交叉多边形选择要拉伸的对象…　　//按图5-7(b)所示交叉窗口选择拉伸对象

选择对象:指定对角点:找到 1 个

选择对象:

指定基点或[位移(D)]＜位移＞:　　　　　　//捕捉 A 点为基点

指定第二点的位移或者＜使用第一点当做位移＞:　//捕捉 B 点为位移

任务七:将图5-8(a)中虚线内的图形向右侧拉伸500,完成后如图5-8(b)所示。

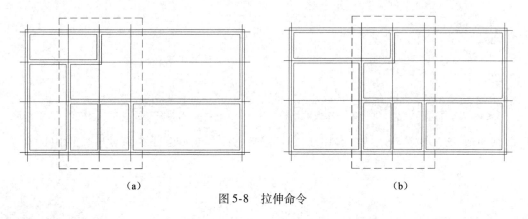

（a）　　　　　　　　　　　　　　　（b）

图5-8　拉伸命令

命令:S↙　　　　　　　　　　　　　　　//输入拉伸命令简写

STRETCH　　　　　　　　　　　　　　　//显示拉伸命令

以交叉窗口或交叉多边形选择要拉伸的对象…　　//用交叉窗口选择拉伸对象

选择对象:指定对角点:找到 32 个

选择对象:

指定基点或[位移(D)]<位移>:　　　　　　　　　　　//指定基点

指定第二点的位移或者<使用第一点当做位移>:500 ✓　//给出水平方向,输入拉伸距离 500

小提示:

　　命令支持先选择对象,然后执行该命令对对象进行拉伸。在选择对象时,可按住【Ctrl + A】组合键选择所有对象。在选取了拉伸的对象之后,在命令行提示中输入 D 进行向量拉伸。

项目四　移动命令

移动命令的功能是将选取的对象以指定的距离或坐标从原来的位置移动到新的位置。

移动的命令启动方式有以下三种:

① 命令:MOVE 简写 M。

② 菜单:修改→移动。

③ 工具栏:单击修改工具栏的移动按钮 ⊕。

任务八:使用移动命令,将图 5-9(a)中圆的圆心移动到相应的位置上使圆心与 A 点重合,完成后如图 5-9(b)所示。

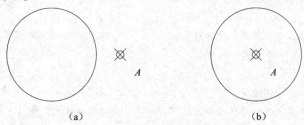

（a）　　　　　　　　　　　　　　　　（b）

图 5-9　移动命令一

命令:M ✓

MOVE

选择对象:找到 1 个　　　　　　　　　　　　　//选择移动对象圆

选择对象:

指定基点或[位移(D)]<位移>:　　　　　　　//捕捉圆心为基点

指定第二点的位移或者<使用第一点当做位移>:　//捕捉 A 点为位移

任务九:使用移动命令,将图 5-10(a)的门移动到相应的位置上,完成后如图 5-10(b)所示。

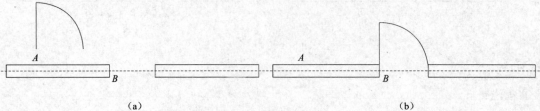

（a）　　　　　　　　　　　　　　　　（b）

图 5-10　移动命令二

命令:M↙

MOVE

选择对象:找到 1 个 //单击选择多段线门

选择对象: //按【Enter】键或按【Space】键,退出选择对象

指定基点或[位移(D)]<位移>: //选择门的左下 A 夹点为基点

指定第二点的位移或者<使用第一点当做位移>: //捕捉 B 点为目标点完成移动

小提示:

> 如在执行命令时,不指定基点,而输入子命令 D,可以输入相对坐标移动对象。

项目五 复制命令

复制命令支持对简单的单一对象(集)的复制,如直线、圆、圆弧、多段线、样条曲线和单行文字等,同时也支持对复杂对象(集)的复制,例如关联填充、块、多重插入块、多行文字、外部参照、组对象等。在复制关联标注对象时,关联标注对象复制后的关联性不变。

复制的命令启动方式有以下三种:

① 命令:COPY 简写 CO。

② 菜单:修改→复制。

③ 工具栏:单击修改工具栏的复制对象按钮 。

任务十:使用复制命令,将图 5-11(a)中的圆复制到相应的位置上,完成后如图 5-11(b)所示。

(a)   (b)

图 5-11 复制命令一

命令:CO↙

COPY

选择对象:找到 1 个 //选择对象圆

选择对象:

当前设置:复制模式 = 多个

指定基点或[位移(D)/模式(O)]<位移>: //选择圆心为基点

指定第二点的位移或者<使用第一点当做位移>: //捕捉圆弧的圆心为位移

指定第二个点或[退出(E)/放弃(U)]<退出>: //捕捉圆弧的圆心为位移

指定第二个点或[退出(E)/放弃(U)]<退出>: //捕捉圆弧的圆心为位移

指定第二个点或[退出(E)/放弃(U)]<退出>:↙

任务十一:使用复制命令,将图 5-12(a)中的门和窗复制到相应的位置上,完成后如图 5-12(b)所示。

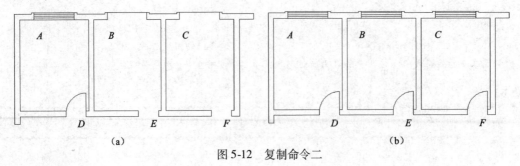

(a)   (b)

图 5-12　复制命令二

命令:CO ↙	//输入简写的复制命令
COPY	
选择对象:指定对角点:找到 2 个	//选择门和窗
选择对象:	
当前设置:复制模式 = 多个	
指定基点或[位移(D)/模式(O)] <位移>:	//指定 A 或 D 为基点
指定第二点的位移或者 <使用第一点当做位移>:	
指定第二个点或[退出(E)/放弃(U)] <退出>:	//指定目标点 B、C 或者 E、F

小提示:

　　复制的模式有两种为单个或多个,选定对象后可以通过子命令 O 来改变模式,确定是否自动重复该命令。

项目六　偏移命令

　　偏移命令是指以指定的点或指定的距离将选取的对象偏移并复制,使对象副本与原对象平行。若选取的对象为圆,则创建同心圆。

　　偏移的命令启动方式有以下三种:

① 命令:OFFSET 简写 O。

② 菜单:修改→偏移。

③ 工具栏:单击修改工具栏的偏移按钮 。

　　任务十二:使用偏移命令,将图 5-13(a)中的垂线向右侧偏移50,斜线向右下偏移30,完成后如图 5-13(b)所示。

(a)   (b)

图 5-13　偏移命令一

命令:O↙

OFFSET

指定偏移距离或[通过(T)]<通过>:50　　　　　　　//输入偏移距离 50

选择要偏移的对象或<退出>:　　　　　　　　　　//选择垂线

指定在边上要偏移的点:　　　　　　　　　　　　//在垂线右侧单击

选择要偏移的对象或<退出>:　　　　　　　　　　//退出偏移命令

命令:OFFSET　　　　　　　　　　　　　　　　　//按空格重复执行偏移命令

指定偏移距离或[通过(T)]<50.0000>:30　　　　　//更改偏移距离为 30

选择要偏移的对象或<退出>:　　　　　　　　　　//选择斜线

指定在边上要偏移的点:　　　　　　　　　　　　//在斜线右下方单击

选择要偏移的对象或<退出>:　　　　　　　　　　//退出偏移命令

　　任务十三:将图 5-14(a)使用偏移命令,绘制定位轴线,列偏移 3300,行偏移 4900,完成后如图 5-14(b)所示。

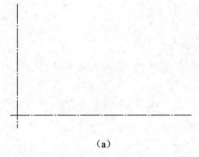

(a)

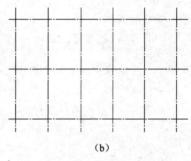

(b)

图 5-14　偏移命令二

命令:O↙

OFFSET

指定偏移距离或[通过(T)]<通过>:3300　　　　　//输入列偏移的距离 3300

选择要偏移的对象或<退出>:　　　　　　　　　　//选择垂直轴线

指定在边上要偏移的点:　　　　　　　　　　　　//在轴线右侧单击

选择要偏移的对象或<退出>:　　　　　　　　　　//选择刚偏移得到的轴线

指定在边上要偏移的点:　　　　　　　　　　　　//在轴线右侧单击

选择要偏移的对象或<退出>:　　　　　　　　　　//重复操作

指定在边上要偏移的点:

选择要偏移的对象或<退出>:

指定在边上要偏移的点:

选择要偏移的对象或<退出>:

指定在边上要偏移的点:

选择要偏移的对象或<退出>:　　　　　　　　　　//退出偏移命令

命令:O↙

OFFSET

指定偏移距离或[通过(T)]<3300.0000>:4900　　　//更改偏移距离为 4900

选择要偏移的对象或<退出>:　　　　　　　　　　//选择刚偏移得到的轴线

指定在边上要偏移的点:　　　　　　　　　　　　//在轴线上方单击

选择要偏移的对象或<退出>:

小提示:

在指定通过点的时候,若选择的对象是带有角点的多段线对象,为了取得最佳效果,建议用户在直线段中点附近(而非角点附近)指定一点作为通过点。可同时创建多个对象的偏移副本,系统在执行完上两个命令行后将继续反复提示用户选择对象和经由点,直到按【Enter】键结束命令。

项目七　镜像命令

以指定的两个点构成一条直线,系统将以此条直线为基准,创建选定对象的反射副本。

镜像的命令启动方式有以下三种:

① 命令:MIRROR 简写 MI。

② 菜单:修改→镜像。

③ 工具栏:单击修改工具栏的镜像按钮 ▐◣。

任务十四:使用镜像命令,将图 5-15(a)中的两个半圆以虚线为基准进行镜像,完成后如图 5-15(b)所示。

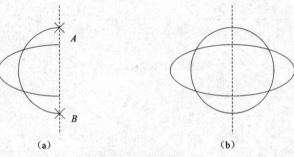

(a)　　　　　　　　　　　(b)

图 5-15　镜像命令一

命令:MI↙

MIRROR

选择对象:指定对角点:找到 2 个　　　　　　　　　　//选择镜像对象

选择对象:指定镜像线的第一点:指定镜像线的第二点:　　//捕捉 A 点 B 点

是否删除源对象?［是(Y)/否(N)］＜否(N)＞:↙　　　//默认为不删除

任务十五:使用镜像命令,将图 5-16(a)中的墙体以点 A、B 为基准进行镜像,完成后如图 5-16(b)所示。

命令:MI↙

MIRROR

选择对象:指定对角点:找到 137 个　　　　　　　　　//选择镜像对象

选择对象:指定镜像线的第一点:指定镜像线的第二点:　　//捕捉 A 点,B 点

是否删除源对象?［是(Y)/否(N)］＜否(N)＞:↙　　　//不删除源对象

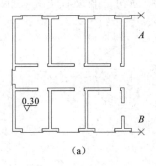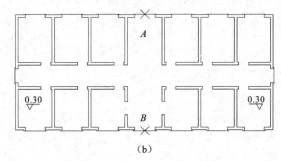

（a）　　　　　　　　　　　　　　　　（b）

图 5-16　镜像命令二

小提示：

> 　　若选取的对象为文本,可配合系统变量 MIRRTEXT 来创建镜像文字。当 MIRRTEXT 的值为 1(开)时,文字对象将同其他对象一样被镜像处理。当 MIRRTEXT 设置为关(0)时,创建的镜像文字对象方向不做改变。

项目八　旋转命令

旋转命令是通过指定的点来旋转选取的对象。同时也可以选择是否复制一个副本。

旋转的命令启动方式有以下三种：

① 命令：ROTATE 简写 RO。

② 菜单：修改→旋转。

③ 工具栏：单击修改工具栏的旋转按钮 ⟳。

任务十六：使用旋转命令,将图 5-17(a)中的门逆时针旋转 90°,完成后如图 5-17(b)所示。

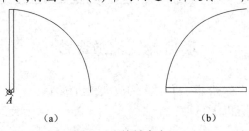

（a）　　　　　　　　　　　　　（b）

图 5-17　旋转命令一

命令：RO ↙

ROTATE

UCS 当前的正角方向：ANGDIR＝逆时针 ANGBASE＝0

选择对象：找到 1 个　　　　　　　　　　//单击选择门

选择对象：

指定基点：　　　　　　　　　　　　　　//单击点 A 为基点

指定旋转角度或[复制(C)/参照(R)] ＜0＞：90 ↙　　//输入旋转角度 90°

任务十七:将图 5-18(a)中的椭圆创建一个副本,使其长轴方向与辅助线重合,完成后如图 5-18(b)所示。

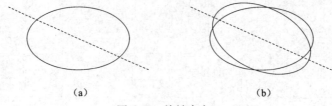

（a）　　　　　　　　　　　　（b）

图 5-18　旋转命令二

命令:RO✐

ROTATE

UCS 当前的正角方向:ANGDIR＝逆时针　ANGBASE＝0

选择对象:指定对角点:找到 1 个　　　　　　　　　//单击选择椭圆

选择对象:

指定基点:　　　　　　　　　　　　　　　　　　//单击椭圆的圆心为基点

指定旋转角度或[复制(C)/参照(R)]<337>:C　　　//输入复制子命令 C

　　　　　　　　　　　　　　　　　　　　　　//旋转一组选定对象

指定旋转角度或[复制(C)/参照(R)]<337>:R　　　//输入参照旋转子命令 R

指定参照角<0>:指定第二点:　　　　　　　　　//单击椭圆圆心为参照角的顶

　　　　　　　　　　　　　　　　　　　　　　//椭圆的右象限点为第二点

指定新角度或[点(P)]<0>:　　　　　　　　　　//单击辅助线的右端点

小提示:

> 　　在使用旋转命令时,一定要算好旋转的方向和角度值,不要把角度的正负弄错,在进行参照旋转时,要掌握好参照角的顶点、第二点(旋转对象上的点)和新角度上的点(旋转目标上的点)。

项目九　缩放命令

缩放命令是把选择的对象按照一定的比例放大或者缩小。

缩放的命令启动方式有以下三种:

① 命令:SCALE 简写 SC。

② 菜单:修改→缩放。

③ 工具栏:单击修改工具栏的缩放按钮■ 。

任务十八:使用缩放命令,将图 5-19(a)中的窗户缩小 0.8 倍,完成后如图 5-19(b)所示。

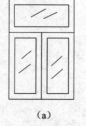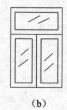

（a）　　　　　　（b）

图 5-19　缩放命令一

命令:SC✐

SCALE

选择对象:找到 1 个　　　　　　　　//单击选中窗户

选择对象：　　　　　　　　　　　　//退出选择

指定基点：　　　　　　　　　　　　//以窗户的左下点

指定缩放比例或[复制(C)/参照(R)]<1.0000>:0.8✓

　　任务十九：使用缩放命令，将图5-20(a)中的窗户放大，使其宽为1200，完成后如图5-20(b)所示。

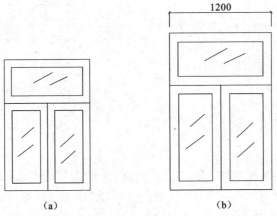

（a）　　　　　　　　　　　　　　　（b）

图5-20　缩放命令二

命令：SC✓

SCALE

选择对象：找到1个　　　　　　　　　　　//单击选择窗户

选择对象：

指定基点：　　　　　　　　　　　　　　//选择窗户的左下角为基点

指定缩放比例或[复制(C)/参照(R)]<0.9000>:R　　//输入子命令参照R

指定参照长度<1.0000>:指定第二点：　　//单击窗户的左下角为第一点，//单击窗户的

　　　　　　　　　　　　　　　　　　　右下角为第二点

指定新长度或[点(P)]<1.0000>:1200　　//输入参照长度1200

小提示：

　　按参照长度和指定的新长度缩放所选对象时，要注意新长度的指定可以是输入数值或拾取点（新长度为基点到拾取点的距离）。

项目十　阵列命令

　　复制选定对象的副本，并按指定的方式排列。除了可以对单个对象进行阵列的操作，还可以对多个对象进行阵列的操作，在执行该命令时，系统会将多个对象视为一个整体对象来对待。阵列的命令启动方式有以下三种：

① 命令：ARRAY 简写 AR。

② 菜单：修改→阵列。

③ 工具栏：单击修改工具栏的阵列按钮　。

73

任务二十:使用阵列命令,将图 5-21(a)中的窗户进行矩形矩阵,按图 5-22 进行参数修改,完成后如图 5-21(b)所示。

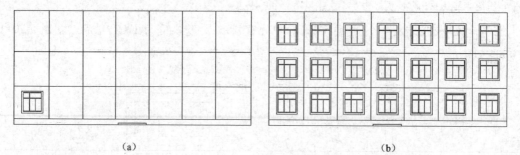

(a)   (b)

图 5-21　阵列命令一

命令:AR↙
ARRAY   //打开"阵列"对话框
选择对象:指定对角点:找到 25 个   //单击"选择对象"按钮,选中阵列对象窗户
选择对象: //按【Enter】键返回对话框,按图 5-22 设置参数

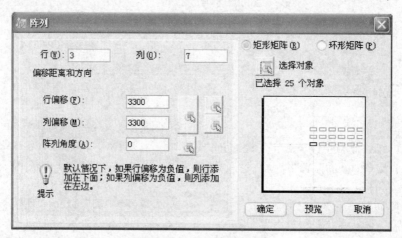

图 5-22　设置矩形矩阵

小提示:

在选择创建矩形阵列的行和列数时,若指定一行,则必须指定多列,反之亦然。在输入行或列的竖向或水平向距离值时,若输入的是正值,则向上或向右创建阵列。若输入的是负值,则向下或向左创建阵列。

任务二十一:使用阵列命令,将图 5-23(a)中的椅子进行环形矩阵,按图 5-24 进行参数修改,完成后如图 5-23(b)所示。

命令:AR↙
ARRAY   //打开"矩阵"对话框
指定阵列中心点: //单击"选择对象"按钮,选取圆心为中心点
选择对象:指定对角点:找到 5 个   //单击"选择对象"按钮,选择椅子,按图 5-24 设置参数

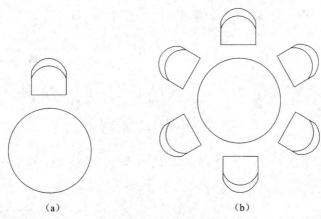

（a）　　　　　　　　　　（b）

图 5-23　阵列命令二

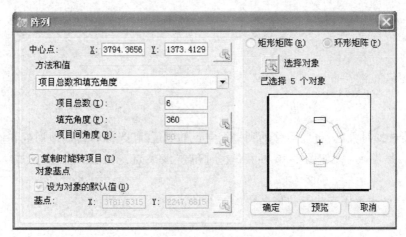

图 5-24　设置环形矩阵

小提示：

> 阵列角度值若输入正值，则以逆时针方向旋转，若为负值，则以顺时针方向旋转。阵列角度值不允许为 0。

项目十一　夹点的使用

选取对象时，对象上有小方块高亮显示，这些位于对象关键点的小方块就称为夹点。

夹点的位置视所选对象的类型而定。举例来说，夹点会显示在直线的端点与中点、圆的四分点与圆心、弧的端点、中点与圆心。如图 5-26 所示，利用夹点进行操作来实现图形编辑的功能称为夹点编辑。

任务二十二：显示选中对象的夹点，如图 5-25 所示。

夹点编辑没有指定的命令，在没有执行任何命令的条件下选择对象，就可以显示出该对象的夹点了。

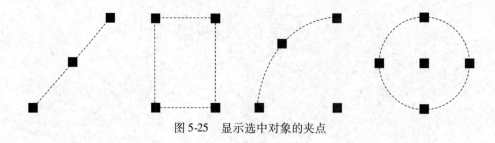

图 5-25　显示选中对象的夹点

捕捉夹点使其成为温夹点,如图 5-26 所示;单击后成为热夹点,如图 5-27 所示。

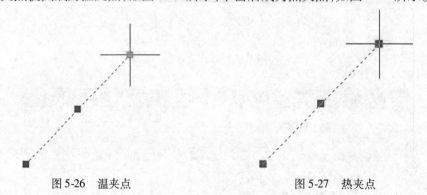

图 5-26　温夹点　　　　　　　　　　　图 5-27　热夹点

操作:当选择对象后,将鼠标移动到一个夹点的附近时,光标将自动地捕捉到该夹点,该夹点成为绿色,是温夹点,如图 5-26 所示;这时单击该夹点,变成红色,使其成为热夹点,如图 5-27所示。

这时命令行显示正在执行拉伸命令。如下:

＊＊拉伸＊＊

指定拉伸点或[基点 B/复制(C)/放弃(U)/退出(X)]:＊取消＊

此时如果移动鼠标并单击,可以拉伸图形对象。

小提示:

> 　　通常我们执行修改命令时,先执行修改命令,如复制命令(CO),然后选择对象,选择基点,执行修改操作。而夹点编辑是先选择图形对象,然后会出现一些图形的特征点,我们称之为冷夹点,然后再次单击某个冷夹点后,就变成热夹点了。然后该对象就可以以这个热夹点为基点进行修改命令的操作,如拉伸、移动、复制、镜像、旋转等。按【Enter】键可在各个修改命令间转换。总之,夹点操作是加快我们完成修改命令的方式。

项目十二　修剪命令

修剪的作用是清理所选对象超出指定边界的部分。

修剪的命令启动方式有以下三种:

① 命令:TRIM 简写 TR。

② 菜单栏:修改→修剪。

③ 工具栏:单击修改工具栏的修剪按钮-/··· 。

任务二十三:将图 5-28(a)中图形按图 5-28(b)进行修剪。

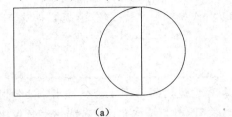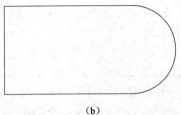

（a） 　　　　　　　　　　　　　　　　　（b）

图 5-28　修剪命令一

命令:TR✓

TRIM

当前设置:投影 = UCS,边 = 延伸

选择剪切边…　　　　　　　　　　　//首先选择的不是要修剪的内容,而是修剪的边界

选择对象或 < 全部选择 >:找到 1 个

选择对象或 < 全部选择 >:

选择要修剪的对象,或按住【Shift】键来选择要延伸的对象或[栏选(F)/窗交(C)/投影(P)/边缘模式

(E)/删除(R)/撤销(U)]:　　　　　//选择要修剪的对象,完成修剪

任务二十四:将图 5-29(a)中图形按图 5-29(c)中图形进行修剪。

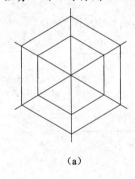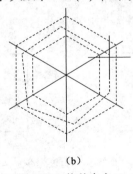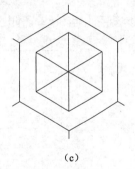

（a） 　　　　　　　　　　　（b） 　　　　　　　　　　　（c）

图 5-29　修剪命令二

命令:TR✓

TRIM

当前设置:投影 = UCS,边 = 延伸

选择剪切边…

选择对象或 < 全部选择 >:指定对角点:找到 2 个　　　　//选择两个六边形

　　　　　　　　　　　　　　　　　　　　　　　　//做修剪的边界

选择对象或 < 全部选择 >:

选择要修剪的对象,或按住【Shift】键来选择要延伸的对象或[栏选(F)/窗交(C)/投影(P)/边缘模式

(E)/删除(R)/撤销(U)]:F　　　　　　　　　　　//输入栏选子命令 F

第一个栏选点:　　　　　　　　　　　　　　　　//按图 5-29(b)进行栏选

指定直线的端点或[放弃(U)]:

指定直线的端点或[放弃(U)]：
指定直线的端点或[放弃(U)]：
指定直线的端点或[放弃(U)]：指定直线的端点或[放弃(U)]：
指定直线的端点或[放弃(U)]：   //按【Enter】键删除对象
　选择要修剪的对象,或按住【Shift】键来选择要延伸的对象或[栏选(F)/窗交(C)/投影(P)/边缘模式
(E)/删除(R)/撤销(U)]：   //按【Esc】键退出命令

小提示：

> 在选择对象时,若选择点位于对象端点和剪切边之间,TRIM 命令将删除延伸对象超出剪切边的部分。如果选定点位于两个剪切边之间,则删除它们之间的部分,而保留两边以外的部分,使对象一分为二。

项目十三　打断命令

打断命令就是将选取的对象在两点之间打断。
打断的命令启动方式有以下三种：
① 命令：BREAK 简写 BR。
② 菜单：修改→打断。
③ 工具栏：单击修改工具栏的打断按钮 　　。

任务二十五：将图 5-30 中的矩形在 A、B 两点处打断,完成后如图 5-30(b)所示。

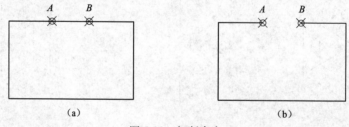

图 5-30　打断命令

命令：BR↙
BREAK
选择对象：   //单击选中矩形
指定第二个打断点或者[第一个点(F)]：F   //输入第一个点子命令 F
指定第一个打断点：   //捕捉 A 点
指定第二个打断点：   //捕捉 B 点进行打断

小提示：

> 在选取的对象上指定要切断的点时,系统将以选取对象时指定的点为默认的第一切断点。在切断圆或多边形等封闭区域对象时,系统默认以逆时针方向切断两个切断点之间的部分。

项目十四　拉长命令

拉长命令的功能是为选取的对象修改长度,为圆弧修改包含角。

拉长的命令启动方式有以下三种:

① 命令:LENGTHEN 简写 LEN。

② 菜单:修改→拉长。

③ 工具栏:单击修改工具栏的拉长按钮 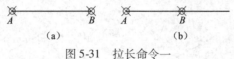 。

任务二十六:将图 5-31(a)中的直线在 B 点处向右拉长50,完成后如图 5-31(b)所示。

图 5-31　拉长命令一

命令:LEN↙

LENGTHEN

选择对象或[增量(DE)/百分数(P)/全部(T)/动态(DY)]:DE　　　//输入增量子命令 DE

输入长度增量或[角度(A)] <0.0000 >:50　　　　　　　　//输入长度50

选择要修改的对象或[放弃(U)]:　　　　　　　　　　　　//在 B 点处单击直线

选择要修改的对象或[放弃(U)]:* 取消*　　　　　　　　　//按【Esc】键退出命令

任务二十七:将图 5-32(a)中的圆弧在 B 点处拉长为原弧的两倍,完成后如图 5-32(b)所示。

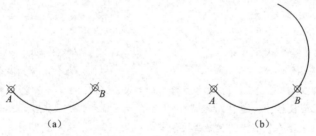

图 5-32　拉长命令二

命令:LEN↙

LENGTHEN

选择对象或[增量(DE)/百分数(P)/全部(T)/动态(DY)]:P　　//输入百分比子命令 P

输入长度百分比 <100.0000 >:200　　　　　　　　　　//输入拉长后与拉长前的长度百分比

选择要修改的对象或[放弃(U)]:　　　　　　　　　　　//在 B 点处单击圆弧

小提示:

> 拉长增量从距离选择点最近的端点处开始测量。若选取的对象为弧,增量就为角度。若输入的值为正,则拉长扩展对象;若为负值,则修剪缩短对象的长度或角度。

79

项目十五　延伸命令

延伸命令就是延伸线段、弧、二维多段线或射线,使之与另一对象相切。

延伸的命令启动方式有以下三种:

① 命令:EXTEND 简写 EX。

② 菜单:修改→延伸。

③ 工具栏:单击修改工具栏的延伸按钮 　　。

任务二十八:将图 5-33(a)中的斜线延伸到垂线,完成后如图 5-33(b)所示。

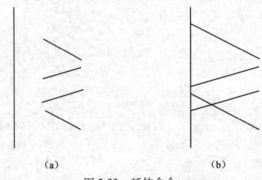

(a)　　　　　　　　　　　　(b)

图 5-33　延伸命令一

命令:EX↙

EXTEND

当前设置:投影 = UCS,边 = 延伸

选择边界的边…

选择对象或 <全部选择>:找到 1 个　　　　　　　　　//单击垂线

选择对象或 <全部选择>:　　　　　　　　　　　　 //按【Enter】键结束选择

选择要延伸的对象,或按住【Shift】键选择要修剪的对象,或

[栏选(F)/窗交(C)/投影(P)/边(E)/撤销(U)]:指定对角点: //用交叉窗口选择延伸对象的左半部分

选择要延伸的对象,或按住【Shift】键选择要修剪的对象,或

[栏选(F)/窗交(C)/投影(P)/边(E)/撤销(U)]:* 取消*　　//按【Esc】键退出命令

任务二十九:将图 5-34(a)图形中的斜线和弧向垂线做延伸,完成后如图 5-34(b)所示。

(a)　　　　　　　　　　　　(b)

图 5-34　延伸命令二

命令:EX ↙

EXTEND

当前设置:投影 = UCS,边 = 延伸

选择边界的边…

选择对象或 < 全部选择 > :　　　　　　　　　　　　　//直接按【Enter】键选择全部

选择要延伸的对象,或按住【Shift】键选择要修剪的对象,或

[栏选(F)/窗交(C)/投影(P)/边(E)/撤销(U)]:E　　　//输入边子命令 E

输入隐含边延伸模式[延伸(E)/不延伸(N)] < 延伸 > :　//按【Enter】键选择默认为延伸

选择要延伸的对象,或按住【Shift】键选择要修剪的对象,或

[栏选(F)/窗交(C)/投影(P)/边(E)/撤销(U)]:指定对角点:　//用交叉窗口选择对象的左侧部分

选择要延伸的对象,或按住【Shift】键选择要修剪的对象,或

[栏选(F)/窗交(C)/投影(P)/边(E)/撤销(U)]:* 取消*　　//按【Esc】键退出命令

小提示:

　　用户可使用多段线、弧、圆、椭圆、构造线、线、射线、样条曲线或图纸空间的视图当做边界对象。若边界对象的边和要延伸的对象没有实际交点,但又要将指定对象延伸到两对象的假想交点处,可选择"边"。

项目十六　对齐命令

　　对齐命令是指在二维和三维空间里选择要对齐的对象,并向要对齐的对象添加源点,向要与源对象对齐的对象添加目标点,使之与其他对象对齐。要对齐某个对象,最多可以给对象添加三对源点和目标点。

　　对齐的命令启动方式有以下三种:

① 命令:ALIGN 简写 AL。

② 菜单:修改→对齐。

③ 工具栏:单击修改工具栏的对齐按钮 ▱。

　　任务三十:将图 5-35(a)中的床向左侧的墙角处对齐摆放,完成后如图 5-35(b)所示。

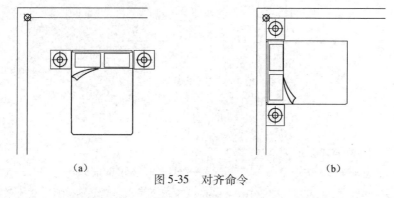

　　　　(a)　　　　　　　　图 5-35　对齐命令　　　　　　　(b)

命令:AL ↙

ALIGN

选择对象:找到 1 个　　　　　　　　　　　　//单击选择床

选择对象:　　　　　　　　　　　　　　　　//按【Enter】键结束选择

指定第一个源点:　　　　　　　　　　　　　//单击选择床的右上角点

指定第一个目标点:　　　　　　　　　　　　//单击节点

指定第二个源点:　　　　　　　　　　　　　//单击选择床的左上角点

指定第二个目标点:　　　　　　　　　　　　//单击节点垂直下方的任一点

指定第三个源点或 < 继续 >:　　　　　　　　//按【Enter】选择默认

是否基于对齐点缩放对象? [是(Y)/否(N)] < 否 >: //按【Enter】键选择默认

小提示:

　　用户选择使用两对源点和目标点时,可以对要对齐的对象进行移动、旋转和缩放的操作,以便与其他对象对齐。其中,第一对源点和目标点定义对齐的基点。第二对源点和目标点定义旋转的角度。用户在输入了第二对点并选择使用两对点对齐对象后,系统会提示是否基于对齐点缩放对象,缩放对象的长度为第一目标点和第二目标点之间的距离。对象的缩放只有在使用两对点对齐对象时才能使用。

项目十七　倒角命令

　　倒角命令是指在两线交叉、放射状线条或无限长的线上建立倒角。若要做倒角处理的对象没有相交,系统会自动修剪或延伸到可以做倒角的情况。倒角的命令启动方式有以下三种:

① 命令:CHAMFER 简写 CHA。

② 菜单:修改→倒角。

③ 工具栏:单击修改工具栏的倒角按钮 。

任务三十一:将图 5-36(a)中的角进行倒角,倒角距离为 10,完成后如图 5-36(a)所示。

(a)　　　　　　　　　　　　　　　　(b)

图 5-36　倒角命令一

命令:CHA✓

CHAMFER

("修剪"模式) 当前倒角距离 1 = 0.0000,距离 2 = 0.0000

选择第一条直线或[多段线(P)/距离(D)/角度(A)/修剪(T)/方式(M)/多个(U)]:D✓

　　　　　　　　　　　　　　　　　　　//输入距离子命令 D(看看当前是不是修剪模式)

指定第一个倒角距离 < 0.0000 >:10✓　　//输入距离 10

指定第二个倒角距离 <10.0000 >:　　　　//按【Enter】键选择默认

选择第一条直线或[多段线(P)/距离(D)/角度(A)/修剪(T)/方式(M)/多个(U)]:

　　　　　　　　　　　　　　　　　　　//单击选择水平线

选择第二条直线:　　　　　　　　　　　//单击选择垂线

　　任务三十二:将图5-37(a)中的角进行倒角,距离分别为10和5,完成后如图5-37(b)所示。

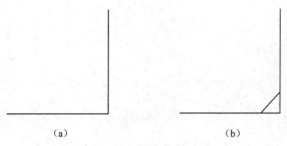

(a)　　　　　　　　　　　　　　(b)

图5-37　倒角命令二

命令:CHA↙

CHAMFER

("修剪"模式)当前倒角距离1=0.0000,距2=0.0000

选择第一条直线或[多段线(P)/距离(D)/角度(A)/修剪(T)/方式(M)/多个(U)]:T↙

　　　　　　　　　　　　　　　　　　　//输入修剪子命令T

输入修剪模式选项[修剪(T)/不修剪(N)]<修剪>:N　　//选择不修剪N

选择第一条直线或[多段线(P)/距离(D)/角度(A)/修剪(T)/方式(M)/多个(U)]:D↙

　　　　　　　　　　　　　　　　　　　//输入距离子命令D

指定第一个倒角距离<0.0000>:10↙　　　//输入距离10

指定第二个倒角距离<10.0000>:5↙　　　//输入距离5

选择第一条直线或[多段线(P)/距离(D)/角度(A)/修剪(T)/方式(M)/多个(U)]:

　　　　　　　　　　　　　　　　　　　//单击选择水平线

选择第二条直线:　　　　　　　　　　　//单击选择垂线

小提示:

　　倒角处理的方式有两种,"距离－距离"和"距离－角度"。"距离－角度"的倒角方式是指定第一条线的长度和第一条线与倒角后形成的线段之间的角度值。倒角命令可以为二维多段线的各个顶点全部进行倒角处理,建立的倒角形成多段线的另一新线段。但若倒角的距离在多段线中两个线段之间无法施展,对此两线段将不进行倒角处理。

项目十八　圆角命令

　　圆角命令是为两段圆弧、圆、椭圆弧、直线、多段线、射线、样条曲线或构造线以及三维实体创建以指定半径的圆弧形成的圆角。

　　圆角的命令启动方式有以下三种:

① 命令:FILLET 简写 F。

② 菜单:修改→圆角。

③ 工具栏:单击修改工具栏的圆角按钮 ▱。

任务三十三:将图5-38(a)中的角进行圆角,圆角半径为20,完成后如图5-38(b)所示。

(a)　　　　　　　　　　　　　　　(b)

图 5-38　圆角命令一

命令:F↙

FILLET

当前设置:模式 = 修剪,半径 = 0.0000

选择第一个对象或[多段线(P)/半径(R)/修剪(T)/多个(U)]:R↙　　//输入半径子命令 R

指定圆角半径 < 0.0000 >:20↙　　　　　　　　　　　//更改圆角半径为20

选择第一个对象或[多段线(P)/半径(R)/修剪(T)/多个(U)]:　　//选择一个对象(没有顺序)

选择第二个对象:　　　　　　　　　　　　　　　　//选择另一个对象

　任务三十四:将图5-39(a)中的二维多段线进行圆角,圆角半径为15,完成后如图5-39(b)所示。

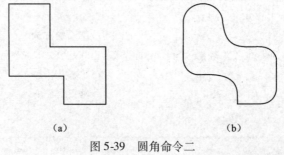

(a)　　　　　　　　　　　　　　(b)

图 5-39　圆角命令二

命令:F↙

FILLET

当前设置:模式 = 修剪,半径 = 0.0000

选择第一个对象或[多段线(P)/半径(R)/修剪(T)/多个(U)]:R↙//输入半径子命令 R

指定圆角半径 < 0.0000 >:15　　　　　　　　　　//更改圆角半径为15

选择第一个对象或[多段线(P)/半径(R)/修剪(T)/多个(U)]:P↙//输入多段线子命令 P

选择二维多段线:　　　　　　　　　　　　　　//单击选择多段线

7 条直线已被圆角

1 是太短　　　　　　　　　　　　　　　　//小于半径的情况时,不做圆角处理任务三十五:将图5-40(a)中圆和椭圆之间进行圆角,圆角半径为5,完成后如图5-40(b)所示。

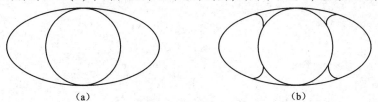

(a)   (b)

图5-40   圆角命令三

命令:F↙

FILLET

当前设置:模式=修剪,半径=0.0000

选择第一个对象或[多段线(P)/半径(R)/修剪(T)/多个(U)]:T↙//输入修剪子命令T

输入修剪模式选项[修剪(T)/不修剪(N)]<修剪>:N↙   //选择不修剪模式,输入N

选择第一个对象或[多段线(P)/半径(R)/修剪(T)/多个(U)]:R↙//输入半径子命令R

指定圆角半径<0.0000>:5↙   //更改圆角半径为5

选择第一个对象或[多段线(P)/半径(R)/修剪(T)/多个(U)]:   //选择圆角对象,没有顺序

选择第二个对象: //选择第二个对象,重复选择操作

小提示:

若选取的两个对象不在同一图层,系统将在当前图层创建圆角线。同时,圆角的颜色、线宽和线型的设置也是在当前图层中进行。若选取的对象是包含弧线段的单个多段线。创建圆角后,新多段线的所有特性(例如图层、颜色和线型)将继承所选的第一个多段线的特性。

项目十九   分解命令

分解命令就是将由多个对象组合而成的合成对象(如图块、多段线等)分解为独立对象。

分解命令的启动方式有以下三种:

① 命令:EXPLODE 简写 X。

② 菜单:修改→分解。

③ 工具栏:单击修改工具栏的分解按钮 ⬒。

任务三十六:将图 5-41(a)的多段线进行分解,完成后如图 5-41(b)所示。

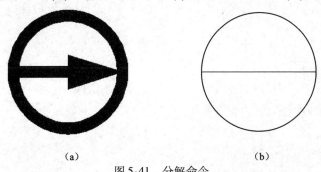

(a)   (b)

图 5-41   分解命令

命令:X↙

EXPLODE

选择对象:找到 1 个   //单击选择多段线

选择对象: //按【Enter】键结束选择

分解此多段线时丢失宽度信息。

可用 UNDO 命令恢复。

小提示:

> 要将块中的多个对象分解为独立对象,但一次只能删除一个编组级。若块中包含一个多段线或嵌套块,那么对该块的分解就首先分解为多段线或嵌套块,然后再分别分解该块中的各个对象。

小　　结

通过本模块的学习,用户掌握了编辑二维图形的基本方法,通过完成任务,熟悉了编辑二维图形的操作过程,提高了绘图效率。

拓展训练

一、选择题

1. 选择方式中,用鼠标在屏幕上从左向右开窗口,是(   )式样窗口。

A. 虚线   B. 实线

C. 虚实线   D. 什么也不是

2. 选择方式中,用鼠标在屏幕上从右向左开窗口,是(   )式样窗口。

A. 虚线   B. 实线

C. 虚实线   D. 什么也不是

3. 复制命令的简称是(   )。

A. C   B. CO   C. COP   D. CC

4. 移动命令的简称是(   )。

A. MY   B. M   C. MO   D. MM

5. 修剪命令的简称是(   )。

A. T   B. TT   C. TR   D. TRI

6. 拉伸命令全称是(   )。

A. STR   B. STRETCH   C. STRECH   D. STRACTH

7. 拉伸命令所开虚线窗口内包含的实体是(   )。

A. 不可动的   B. 可动的   C. 不知道   D. 既可动又不可动

8. 圆角命令全称是(   )。

A. CHAMFER   B. FILLET   C. MOVE   D. COPY

9. 倒角命令全称是(　　)。

A. FILLET　　　　　　B. COPY　　　　　　C. CHAMFER　　　　　　D. SCALE

10. 缩放命令全称是(　　)。

A. MOVE　　　　　　B. LINE　　　　　　C. SCALE　　　　　　D. STRETCH

11. 镜像命令全称是(　　)。

A. MOVE　　　　　　B. MRRROR　　　　　　C. MIRROR　　　　　　D. MORROR

12. 旋转命令全称是(　　)。

A. ROTTOR　　　　　　B. ROTATA　　　　　　C. ROTATE　　　　　　D. ROTETE

13. 延伸命令全称是(　　)。

A. EXTEET　　　　　　B. EXTENT　　　　　　C. EXTATE　　　　　　D. EXTTEE

14. "分解"命令全称是(　　)。

A. EXPLODE　　　　　　B. EXPOLDE　　　　　　C. EXPLDEO　　　　　　D. EXLPODE

15. 在下列图形中,夹点数最多的是(　　)。

A. 一条直线　　　　　　B. 一条多线　　　　　　C. 一段多段线　　　　　　D. 椭圆弧

16. 在使用"拉伸"命令编辑图形时,需要使用(　　)方式选择对象。

A. 窗口选择　　　　　　B. 窗交选择　　　　　　C. 点选　　　　　　D. 栏选

17. 使用 LEN 拉长图线时,下列选项中不可用的参数是(　　)。

A. 增量　　　　　　B. 百分数　　　　　　C. 动态　　　　　　D. 参照

18. 下列有关 OFFSET 命令叙述错误的是(　　)。

A. 使用 OFFSET 命令可以按照指定的通过点偏移对象

B. 使用 OFFSET 命令可以按照指定的距离偏移对象

C. 使用 OFFSET 命令可以将偏移源对象删除

D. 使用 OFFSET 命令可以按照指定的对称轴偏移对象

19. 当用 MIRROR 命令对文本属性进行镜像操作时,要想让文本具有可读性,应将变量 MIRRTEXT 的值设置为(　　)。

A. 0　　　　　　B. 1　　　　　　C. 2　　　　　　D. 3

20. 下面(　　)命令用于把单个或多个对象从它们的当前位置移至新位置,且不改变对象的尺寸和方位。

A. ARRAY　　　　　　B. COPY　　　　　　C. MOVE　　　　　　D. ROTATE

21. 下面(　　)命令可以将直线、圆、多线段等对象做同心复制,且如果对象是闭合的图形,则执行该命令后的对象将被放大或缩小。

A. OFFSET　　　　　　B. SCALE　　　　　　C. ZOOM　　　　　　D. COPY

22. 如果想把直线、弧和多线段的端点延长到指定的边界,则应该使用(　　)命令。

A. EXTEND　　　　　　B. PEDIT　　　　　　C. FILLET　　　　　　D. ARRAY

23. 在对圆弧执行"拉伸"命令时,(　　)在拉伸过程中不改变。

A. 弦高　　　　　　B. 圆弧　　　　　　C. 圆心位置　　　　　　D. 终止角度

24. 下列对象执行"偏移"命令后,大小和形状保持不变的是(　　)。

A. 椭圆　　　　　　B. 圆　　　　　　C. 圆弧　　　　　　D. 直线

二、操作题

1. 绘制图 5-42～图 5-50 图形。

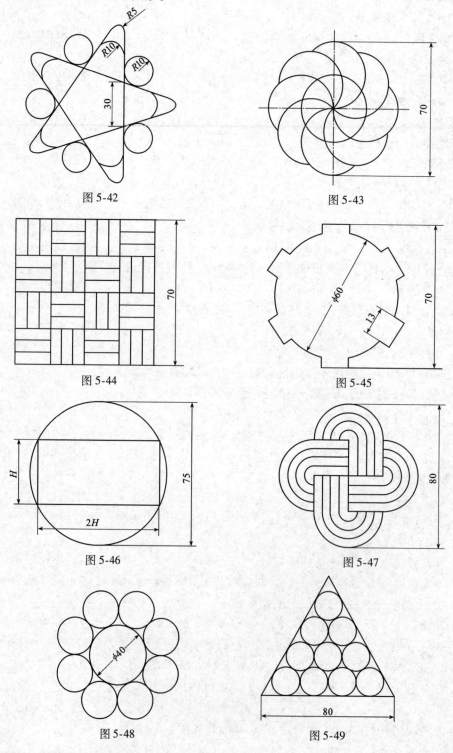

图 5-42

图 5-43

图 5-44

图 5-45

图 5-46

图 5-47

图 5-48

图 5-49

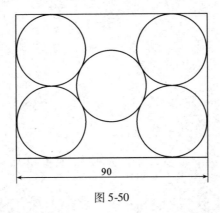

图 5-50

2. 绘制图 5-51 ~ 图 5-57 综合图形。

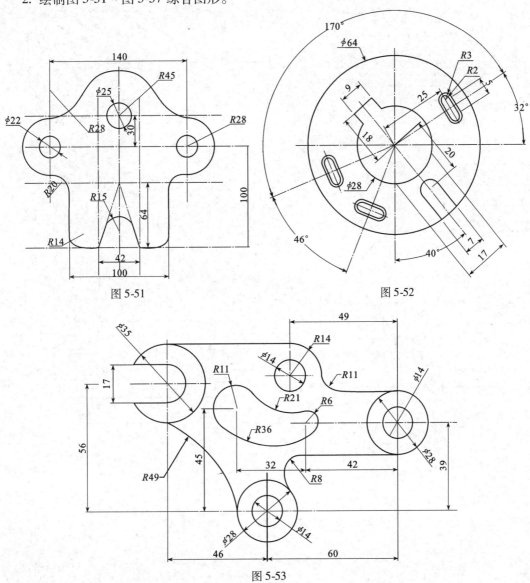

图 5-51

图 5-52

图 5-53

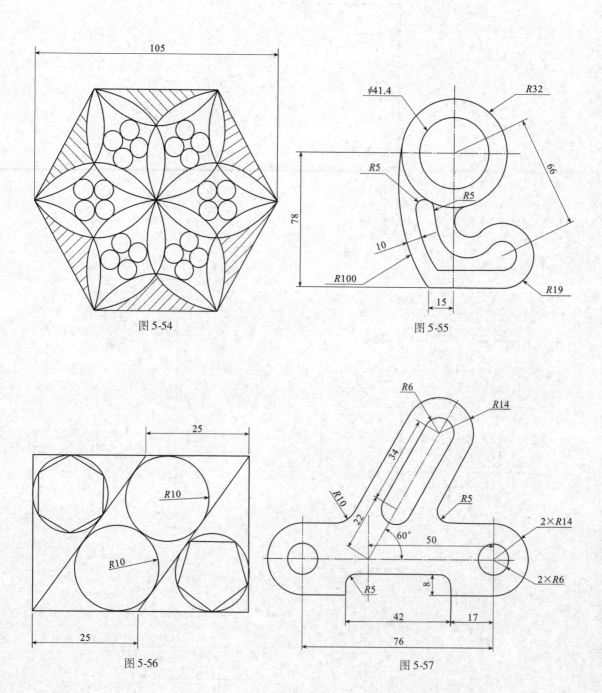

图 5-54

图 5-55

图 5-56

图 5-57

教学目标：

☆ 掌握面域的绘制及布尔运算的运用；
☆ 熟悉图案填充的创建及设置；
☆ 熟练掌握图案填充的使用方法。

教学重点：

☆ 熟悉图案填充的创建及设置；
☆ 熟练掌握图案填充的使用方法。

教学难点：

☆ 熟练掌握图案填充的使用方法。

模块六　面域、布尔运算与图案填充

域（REGION）是指二维的封闭图形，在中望 CAD 中面域可由直线、多段线、椭圆、椭圆弧、圆、圆弧及样条曲线等对象围成，组成面域边界的图形对象必须是自行封闭的或者经过修剪之后成为封闭的，否则不能构成面域。面域是指内部含有孤岛的具体边界的平面，它不但包含了边的信息，还包括边界内的平面。使用面域作图可采用"并"、"交"及"差"布尔运算来构造不同形状的图形。图案填充是使用指定线条图案填满指定区域的图形对象，经常用于剖切面和不同类型对象的外观纹理等。

项目一　创建面域

在中望 CAD 中，能够把由某些对象围成的封闭区域创建成面域。这些封闭区域可以是圆、椭圆、正多边方形等对象，也可以由直线、圆弧等对象经过修剪之后首尾相连形成的图形构成。

创建面域的命令启动方式有以下三种：

① 命令：REGION 简写 REG。

② 菜单：绘图→面域。

③ 工具栏：绘图→面域 ▣ 。

任务一：绘制如图 6-1 所示图形，尺寸用户自己给出即可，使用 REGION 命令将该图创建成面域。

图 6-1　创建面域

命令：REGION　　　　　　　　　//执行 REGION 命令
选择对象：共找到 6 个　　　　　//选择矩形及五角星，如图 6-1 所示
选择对象：　　　　　　　　　　//按【Enter】键完成命令
创建了 1 个面域　　　　　　　　//提示已创建了 1 个面域

91

小提示:

① 面域将以线框的形式显示出来。

② 自相交或端点不连接的对象不能转换成面域。

③ 用户可以对面域进行移动及复制操作,还可以将面域通过拉伸、旋转等操作绘制成三维实体对象。

项目二　面域的布尔运算

布尔运算是一种数学逻辑运算,在中望 CAD 中,用户可以对面域对象和三维实体进行布尔运算,即可以对面域进行差集、并集或交集运算,从而提升绘图速度。

一、面域的求并运算

并运算是将所有参与运算的面域合并为一个新面域。面域的命令启动方式有以下三种:

① 命令:UNION 简写 UNI。

② 菜单:修改→实体编辑→并集。

③ 工具栏:实体编辑→并集 。

任务二:绘制如图 6-2(a)所示图形,并使用 UNION 命令修改为如图 6-2(b)所示图形。

命令:UNION↙

选择对象:指定对角点:找到 9 个　　　　//选择 9 个面域,如图 6-2(a)所示

选择对象:　　　　　　　　　　　　//按【Enter】键完成命令

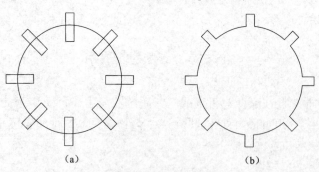

　　　　(a)　　　　　　　　　　　　　　　　(b)

图 6-2　执行"并"运算

二、面域的求差运算

差运算时将一个面域从另一个面域中减去。操作时,先选择的对象为源面域,后选择的对象为被剪掉的面域。

差集运算的命令启动方式有:

① 命令:SUBTRACT 简写 SU。

② 菜单:修改→实体编辑→差集。

③ 工具栏:实体编辑→差集 。

任务三:绘制如图 6-3(a)所示图形,并使用 SUBTRACT 命令修改如图(b)所示图形。

命令:SUBTRACT↙

选择对象:找到 1 个 　　　　　　　//选择大圆面域,如图 6-3(a)所示

选择对象: 　　　　　　　　　　　//按【Enter】键确认

选择对象:总计 8 个 　　　　　　　//选择 8 个小矩形面域

选择对象: 　　　　　　　　　　　//按【Enter】键结束命令

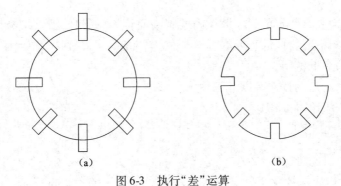

(a)　　　　　　　　　　　　　　　(b)

图 6-3　执行"差"运算

三、面域的求交运算

通过交运算可以求出各个相交面域的公共部分。

交集的命令启动方式有以下三种:

① 命令:INTERSECT 简写 IN。

② 菜单:修改→实体编辑→交集。

③ 工具栏:实体编辑→交集 。

任务四:绘制如图 6-4(a)所示两个相交的圆,尺寸用户自己给出即可,绘制完成后使用 INTERSECT 命令修改为如图 6-4(b)所示图形。

命令:INTERSECT↙

选择对象:指定对角点:找到 2 个 　　　//选择圆面域及另一面域,如图 6-4(a)所示

选择对象: 　　　　　　　　　　　　//按【Enter】键结束命令

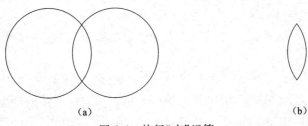

(a)　　　　　　　　　　　　　　　(b)

图 6-4　执行"交"运算

小提示:

> 　　进行"交"、"并"、"差"运算的主体必须是面域,所以在执行"交"、"并"、"差"运算前必须先将图形转换成面域。如果参与交集运算的面域没有相交,进行交集运算后,所选的对象都将被删除。

项目三　图案填充

在绘图时,有时要在指定的封闭区域内绘制断面符号、材料图例或填充某种图案,用来表示实体断面、材质或区分物体的表面等。这样的操作在中望 CAD 中称为图案填充,本项目主要介绍图案填充命令的使用。

图案填充的命令启动方式有以下三种:

① 命令:BHATCH 简写 BH。

② 菜单:绘图→图案填充。

③ 工具栏:绘图→图案填充 ▨ 。

任务五:利用 BHATCH 命令将图6-5(a)填充成图6-5(b)所示图形。

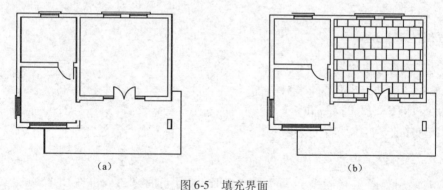

(a)　　　　　　　　　　　　　　　　　　(b)

图 6-5　填充界面

① 命令:BH,执行 BHATCH 命令。

② 在图案填充选项卡的类型和图案项中,"类型"选择"预定义","图案"选择AR-B88,如图 6-6 所示。

③ 在角度和比例项中,把角度设为 0,"比例"设为 1。

④ 单击"预览"按钮可以实时预览填充效果。

⑤ 在边界项中,单击"拾取点"按钮后,在要填充的房间内单击一点来选择填充区域,预览填充结果如图 6-7 所示。

⑥ 在图 6-7 中可见,(a)图比例为 1,比例太小;重新设定比例为 10,出现(b)图情况,比例太大;重新调整比例,当比例设定为 3 时,出现(c)图效果,说明此比例合适。

⑦ 达到预期效果后单击"确定"按钮执行填充,房间就会填充如图6-5(b)效果。

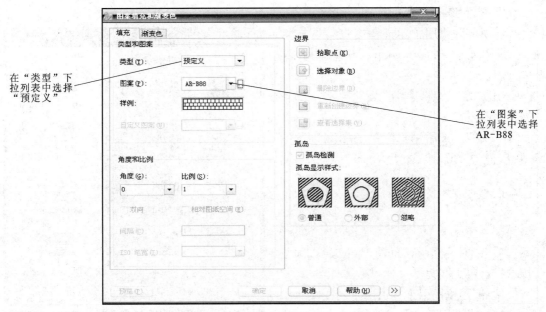

图 6-6　"图案填充和渐变色"对话框

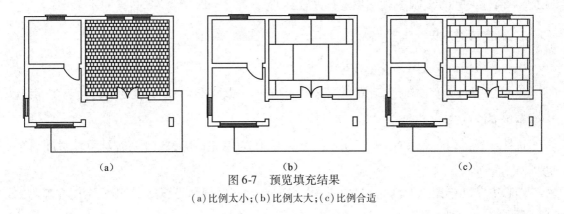

图 6-7　预览填充结果

（a）比例太小；（b）比例太大；（c）比例合适

小提示：

　　在进行区域填充时，所选择的填充边界必须形成封闭的区域，否则中望 CAD 会提示警告信息"你选择的区域无效"。

　　当填充图案是一个独立的图形对象时，填充图案中所有的线都是关联的。

　　如果有需要可以用 EXPLODE 命令将填充图案分解成单独线条。这样它与原边界对象将不再具有关联性。

项目四　图案填充的设置

一、类型和图案

执行"图案填充"命令后，会弹出"图案填充和渐变色"对话框中常用选项如下：

95

类型：设置图案填充类型，共三个选项：

① 预定义：使用预定义图案进行图样填充，这些图案保存在 acad.pat 和 acadiso 文件中。

② 用户定义：利用当前线性定义一种新的简单的图案。

③ 自定义：采用用户定制的图案进行图案填充，这些图案保存在".pat"类型的文件中。

图案：单击下拉箭头可选择填充图案，也可以点击下拉列表右边的 按钮打开"填充图案选项板"对话框，如图 6-8 所示，通过预览图像选择自定义图案。

样例：该预览框用于显示选定的图案。单击该预览框中的图案也可以打开"填充图案选项板"对话框，并可以选择其他图案进行设置。

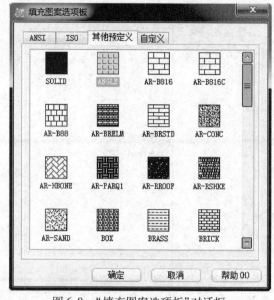

图 6-8 "填充图案选项板"对话框

二、确定填充边界

该选项组用于设置定义边界的方式。

拾取点：单击 按钮，然后在填充区域中拾取一点，中望 CAD 会自动分析边界集，并从中确定包围该点的闭合边界。

选择对象：单击 按钮，然后选择一些对象作为填充边界，此时无需对象构成闭合的边界。

删除边界：填充边界中常常包含一些闭合区域，这些区域称为孤岛，若用户希望在孤岛中也填充图案，则单击 按钮，选择要删除的孤岛。

三、图案填充原点

控制填充图案生成的起始位置。某些图案填充需要与图案填充边界上一点对齐。默认情况下，所有图案填充原点都对应于当前 UCS 原点。

使用当前原点：默认情况下，原点设置为(0,0)。

指定的原点：指定新的图案填充原点。

四、角度和比例

指定选定填充图案的角度和比例，该选项组包含以下选项：

角度：指定填充图案的角度（相当于当前 UCS 坐标）。

比例：放大或缩小预定义或自定义图案。只有将"类型"设置为"预定义"或"自定义"时，此选项才可用。

五、孤岛

孤岛是指定在最外层边界内填充对象的方法,该组选项组包括以下两项内容(图6-9):

孤岛检测:控制是否检测内部闭合边界(称为孤岛)。

孤岛显示样式:中望CAD提供了三种孤岛显示样式。
分别介绍如下:

① 普通:从外部边界向内填充。如果遇到内部孤岛,它将停止进行图案填充或渐变色填充。

② 外部:从外部边界向内填充。如果遇到内部孤岛它将停止进行图案填充。

③ 忽略:忽略所有内部对象,填充图案时将填充这些对象。

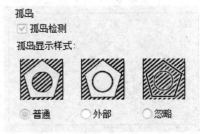

图6-9 "孤岛"选项组

项目五 编辑图案填充

对图形进行图案填充后,如果对填充效果不满意,还可以根据需要对图案填充进行编辑。

执行编辑图案填充命令的方法有以下两种:

① 命令:HATCHEDIT。

② 菜单:修改→对象→图案填充。

任务六:利用HATCHEDIT命令修改图案填充。

命令:HATCHEDIT↙
选择关联填充对象: //选择要编辑的填充图案

选择填充图案后,弹出"图案填充编辑"对话框如图6-10所示。用户可在其中修改填充图案、图案的旋转比例、旋转角度和关联性等,然后单击"确定"按钮即可。

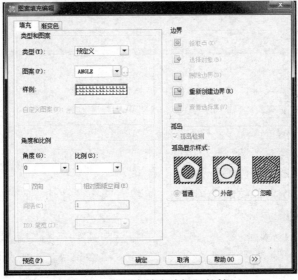

图6-10 "图案填充编辑"对话框

小提示：

① 在执行图案填充命令时，弹出"边界定义错误"对话框，此时用户应该检查边界，将没有封闭的区域封闭起来。

② 命令行提示"图案填充间距太密，或短画尺寸太小"，这是因为图案填充比例太小，用户应将"比例"的值改大。

③ 命令行提示"无法对边界进行图案填充"，这是因为图案填充比例太大，用户应将"比例"值改小。

项目六　渐变色填充

在中望 CAD 中，用户还可以创建单色或双色渐变色对指定的闭合区域进行填充。执行图案填充命令后，弹出"图案填充和渐变色"对话框，选择"渐变色"选项卡，如图 6-11 所示。

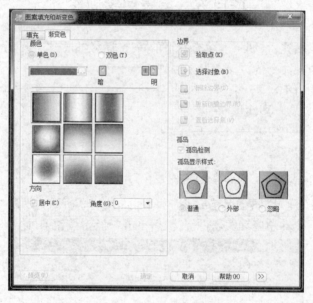

图 6-11　"渐变色"选项卡

"颜色"选项组：定义要用的渐变色填充外观。

"单色"单选按钮：指定使用从较深颜色调到较浅色调平滑过渡的单色填充。

"双色"单选按钮：指定在两种颜色之间平滑过渡的双色渐变填充。

"方向"选项组：指定渐变色角度及其是否对称。

"居中"复选框：指定对称的渐变配置。如果没有选定此选项，渐变填充将朝左上方变化，创建光源在对象左边的图案。

"角度"下拉列表框：指定渐变填充的角度。相对当前 UCS 指定角度，此选项与指定图案填充的角度互不影响。该选项卡中的公共选项和"图案填充"选项卡中的相同，这里不再赘述。

任务七:渐变色单色填充图 6-12。

① 绘制一个如图 6-12(a)所示的线框。

② 复制两个该线框到右边。

③ 打开"图案填充"对话框,选择"渐变色"选项卡,如图 6-11 所示。

④ 对图 6-12(a)中图形采用普通方式填充,选择"渐变色"选项卡,颜色单色,方向居中,角度 0,直线形填充类型。

⑤ 在"边界"选项卡中单击"选择对象",框选左边第一个图案。

⑥ 预览填充效果,单击"确定"按钮,得到图 6-12(a)填充效果。

⑦ 依次方法填充另外两个图形,中间选"外部"方式,右侧选"忽略"方式。其余步骤相同,最后填充效果如图 6-12(c)所示。

　　(a)　　　　　　　　　　(b)　　　　　　　　　　(c)

图 6-12　单色渐变色填充实例

任务八:渐变色双色填充图 6-13(a)。

① 绘制一棵树的轮廓,如图 6-13(a)所示。

② 打开"图案填充"对话框,选择"渐变色"选项卡。

③ 选择"双色",在"选择颜色"对话框中单击"索引"按钮索引颜色,拾取绿和黄。

④ 选择"半球形",在树冠区域拾取点,选择预览,满意结果右击确认。

⑤ 按【Enter】键重新打开"填充"对话框,选择"单色",在"选择颜色"对话框中选择棕色。

⑥ 选择"反转圆柱形",在树干区域拾取点,预览后结果满意右击确认。

⑦ 填充后图形如图 6-13(b)所示。

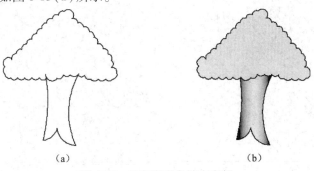

　　　　(a)　　　　　　　　　　　　　(b)

图 6-13　双色渐变色填充实例

小　结

本模块主要介绍中望 CAD 中面域与图案填充的创建和使用方法。通过本模块的学习,用户应该熟练掌握中望 CAD 中面域的创建及布尔运算的方法,以及图案填充的创建及编辑方法。

拓展训练

一、填空题

1. 在中望 CAD 中,用户可以通过_____和_____、_____三种方法来创建面域对象。

2. 在中望 CAD 中,设置图案填充的类型包括_____、_____和_____三个选项。

3. 在中望 CAD 中,利用_____命令修改图案填充。

4. 在中望 CAD 中,用户还可以创建_____或_____渐变色对指定的闭合区域进行填充。

二、简答题

1. 在中望 CAD 中,如何创建面域图形,并从面域图形中提取数据?

2. 在中望 CAD 中,如何使用渐变色填充图案。

三、操作题

1. 绘制图 6-14 所示图形,并对其进行图案填充。

2. 绘制图 6-15,并将图形进行以下两种形式的填充。

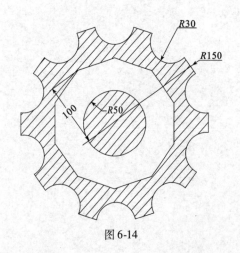

图 6-14

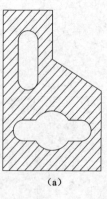
(a)

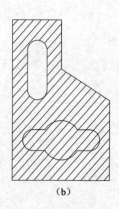
(b)

图 6-15

3. 绘制图 6-16,并利用渐变色填充为图案进行填充。

4. 绘制图 6-17,并对其进行图案填充。

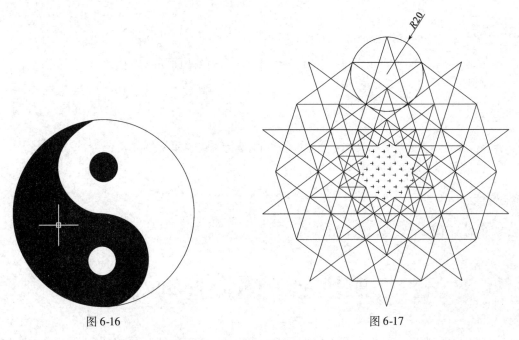

图 6-16

图 6-17

5. 利用布尔运算的知识绘制图 6-18 和图 6-19。

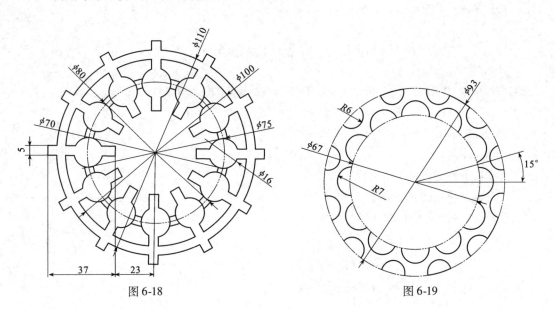

图 6-18

图 6-19

教学目标：

　☆ 熟练掌握查询点坐标、两点之间的距离和指定区域的面积及周长；
　☆ 熟悉查询图形对象的相关信息。

教学重点：

　☆ 熟练掌握查询点坐标、两点之间的距离和指定区域的面积及周长；
　☆ 熟悉查询图形对象的相关信息。

教学难点：

　☆ 熟悉查询图形对象的相关信息。

模块七　图形查询

　　在中望 CAD 中用户可以查询点的坐标、两点间的距离、某一区域的面积和周长，这些功能方便了用户掌握图形信息。

项目一　查询点的坐标

　　用户可以利用 ID 命令查询图形对象上某一点的绝对坐标，坐标值以 X、Y、Z 的形式显示，但如果在二维图形中，Z 的坐标值为 0。

　　查询点坐标的命令启动方式有以下三种：

　① 命令：ID。
　② 菜单：工具→查询→点坐标。
　③ 工具栏：单击查询工具栏上的按钮。

　　任务一：查询图 7-1 中 A 点坐标。

命令：ID ↙

指定点：　　　　　　//用鼠标拾取 A 点

$X = 480.9146$，$Y = 280.6879$，$Z = 0.0000$。

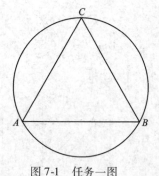

图 7-1　任务一图

小提示：

　　ID 所查询的坐标值与当前使用的坐标系有关，如果用户改变坐标系，那么用 ID 命令所查询的同一点的坐标值不同。

项目二　查询两点间的距离

　　用户可以利用 DIST 命令测量两点之间的距离，并得到如下信息：

102

① 两点之间的距离。

② 在 XY 平面中的倾角(即两点连线在 XY 平面上的投影与 X 轴间的夹角)。

③ 与 XY 平面的夹角(两点连线与 XY 平面间的夹角)。

④ X 增量,Y 增量,Z 增量。

查询两点之间距离的命令启动方式有:

① 命令:DIST。

② 菜单:工具→查询→距离。

任务二:利用查询命令测量 7-1 中 AB 两点之间的距离。

命令:DIST↙
指定第一点:　　　　　　　　//用鼠标拾取 A 点
指定第二点:　　　　　　　　//用鼠标拾取 B 点

距离 $=34.4422$,XY 平面中的倾角 $=60$,与 XY 平面的夹角 $=0$。

X 增量 $=17.2211$,Y 增量 $=29.8278$,Z 增量 $=0.0000$。

小提示:

在使用 DIST 命令查询两点之间的距离时,两点的选择顺序不影响其距离值,但影响其他数值。

项目三　查询图形面积及周长

用户可以使用 AREA 命令查询由多个图形组成的复合面积、一系列点定义的一个封闭图形、圆、多段线围成的封闭图形等指定区域的面积和周长。

查询图形面积和周长的命令启动方式有:

① 命令:AREA。

② 菜单:工具→查询→面积。

任务三:利用 AREA 命令,查询图 7-1 的面积。

命令:AREA↙
指定第一个角点或[对象(O)/加(A)/减(S)]<对象(O)>:O↙
选择对象:　　　　　　　//用鼠标选择三角形
面积 $=513.6668$,周长 $=103.3265$。

项目四　查询图形信息

用户可以利用 LIST 命令列出选取图形对象的相关信息,但显示的信息随图形对象的不同而不同。这些信息(包括对象类型、图层、颜色、对象的一些几何特性)将在"ZWCAD 文本窗口"中显示。

任务四:利用 LIST 命令,查询 7-1 中三角形和圆形的相关信息。

命令:lIST↙
选择对象:　　　　　　　　　　//用鼠标选择三角形
选择对象:　　　　　　　　　　//用鼠标选择圆形并按【Enter】键

在"ZWCAD 文本窗口"中显示如下信息:

LWPOLYLINE 图层:"0"
空间:模型空间
句柄 =127
闭合
固定宽度　0.0000
面积　513.6668
周长　103.3265
于端点 X =498.1357　Y =310.5157　Z =0.0000
于端点 X =480.9146　Y =280.6879　Z =0.0000
于端点 X =515.3568　Y =280.6879　Z =0.0000
圆　　　　　　图层:"0"
空间:模型空间
句柄 =126
正中点,X =498.1357　Y =290.6305　Z =0.0000
半径　20.0000
周长　125.6637
面积　1256.6371

小　　结

通过本模块的学习,用户掌握了查询点的坐标、任意两点之间的距离、指定封闭区域的面积和周长以及图形对象的相关信息,通过完成任务,能够熟练其操作过程。

拓展训练

绘制图 7-2,并查询相关信息,回答以下 4 个问题

1. A 圆的面积是(　　　)。

A. 1074. 326　　　　　　　　　B. 1075. 326

C. 1076. 326　　　　　　　　　D. 1077. 326

2. C 圆的周长是多少_____。

3. B 圆心到 E 圆心的距离是_____。

4. 正五边形 F 的面积是_____。

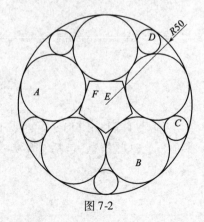

图 7-2

教学目标：

☆ 掌握图层的设置方法；

☆ 了解图层的各项状态和特性；

☆ 熟练应用图层特性管理器。

教学重点：

☆ 掌握图层的设置方法；

☆ 了解图层的各项状态和特性。

教学难点：

☆ 熟练应用图层特性管理器。

模块八　图层的管理和使用

用户可以把图层假想成一叠没有厚度的透明纸，把不同特性的图形画在每张纸上，然后将这些图层按照一个基准点对齐叠加，就得到一副完整的图形。用户可以对每个图层上的图形分别进行绘制、编辑、修改，每个图层上的图形可以具有不同的线型、颜色、状态等属性。这样可以把复杂的图形变得简单、清晰。

中望 CAD 对创建的图层数没有限制，每个图层都有一个唯一的名字，系统自动生成的图层是 0 图层，为缺省图层，0 图层既不能被删除也不能被重新命名。除了 0 图层之外，其他图层都由用户自己创建并命名。

项目　图层的设置与管理

在对图层进行操作之前，要了解一些图层的基本设置，为以后设置和管理图层做好准备，用户可以通过图层特性管理器对图层进行设置和管理。

图层特性管理器的命令启动方式有以下三种：

① 命令：LAYER 简写 LA。

② 菜单：格式→图层。

③ 工具栏：单击图层工具栏中的图层特性管理器按钮 ▤。

一、图层特性管理器

首先根据图 8-1 熟悉图层的操作面板，了解各个按钮的意义。

▨：创建一个新图层，系统将其命名为"图层 1"，用户可单击图层名，输入新名称，再按【Enter】键，便可执行更名操作。

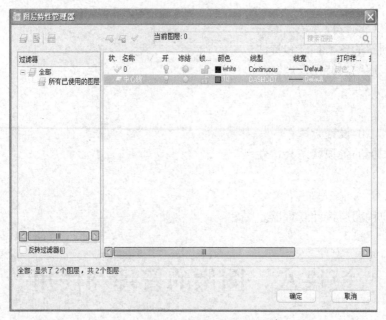:删除指定的图层。

图 8-1 "图层特性管理器"对话框

小提示:

> 0 层和外部参照依赖图层不可以更改图层的名称。

:设置当前图层。用户要在某一图层上绘图,必须先将此图层设定为当前图层,设置当前图层有三种方法。

① 选中一个图层后,单击此按钮。

② 双击图层显示框中的某一图层。

③ 在图层显示窗口右击,在弹出的快捷菜单中选择"置为当前"选项。

图层打开/关闭:关闭的图层对象不能显示和输出,但当图层重新打开时可重新生成。

图层冻结/解冻:图层上的对象被冻结则不能显示,也不能打印和重新生成,直到解冻为止,并且注意,不可以冻结当前图层,必须先将其他图层设置为当前图层,才能对此图层进行冻结。

图层锁定/解锁:锁定图层中的对象能够显示但不可编辑,如果图层是锁定且为解冻状态,则此图层的对象是可见的,其中锁定的图层可设置为当前图层,也可以创建新对象,但是不能对新建的对象进行编辑。

二、图层状态管理器

图层状态管理器可以对已经为保存状态图层中的单个图层进行属性编辑。在图层工具栏单击"图层状态管理器"按钮 即可打开"图层状态管理器"对话框。

下面,我们对"图层状态管理器"对话框中的按钮和功能进行介绍:

新建：可创建要保存的新图层，并可为其进行创建图层状态的名称和说明的编辑。操作方法如图8-2所示。

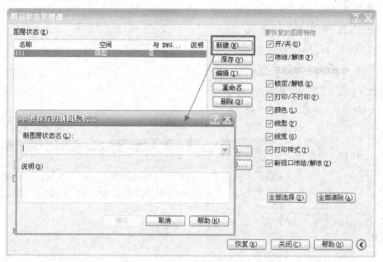

图8-2　图层状态管理器—新建

要恢复的图层特性：可选中要保存的图层的状态和特性。如图8-3所示，此部分可通过右下角的"更多恢复选项"箭头图标进行显示和隐藏。

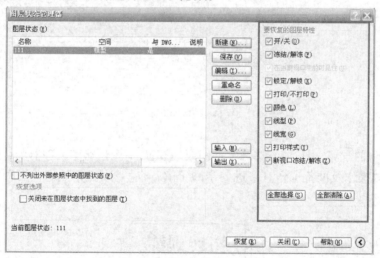

图8-3　更多恢复选项面板

恢复：恢复保存的图层状态。

删除：删除指定图层的状态。

输入：从.dwg文件中输入图层状态，其格式为.las或.dwg的文件。

输出：以.las或.dwg文件形式保存图层状态的设置。

任务：新建一个图层，命名为"中心线"，根据中心线特点，将其设置为红色，DASHDOT线型。

① 选择"格式"→"图层"选项。

② 如图 8-4 所示进行操作。

③ 单击 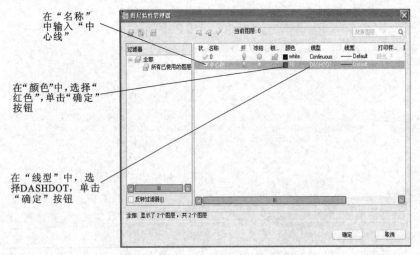 按钮。

④ "名称"输入框中输入"中心线"。

⑤ 在"颜色"列表中,单击颜色模块。

⑥ 选择"红色",单击"确定"按钮

⑦ 在"线型"下拉列表中,单击线型模块。

⑧ 选择 DASHDOT 线型,单击"确定"按钮。

图 8-4　设置图层

小　　结

通过本模块的学习,用户能够熟练掌握图层的设置,对图层状态管理器和特性管理器进行管理,对绘图的操作及准备工作有了进一步的了解,通过完成任务强化了图层的设置方法的应用。

拓展训练

一、填空题

1. 设置当前图层。用户要在某一图层上绘图,必须先将此图层设定为_____图层。

2. 关闭的图层对象不能_____和_____,但当图层重新打开时可重新生成。

3. 对象图层匹配,将源对象上的图层特性_____给目标对象,从而改变目标对象的特性。

4. 锁定的图层可设置为当前图层,也可以_____新对象,但是不能对新建的对象进行_____。

二、选择题

1. 图层上的对象被( )则不能显示,也不能打印和重新生成,直到( )为止。

　A. 冻结　　　　　　　　　　　　B. 解冻

2. ( )的图层可设置为当前图层,也可以创建新对象,但是不能对新建的对象进行编辑。

　A. 锁定　　　　　　　　　　　　B. 解锁

3. ( )的图层对象不能显示和输出,但当图层重新( )时可重新生成。

　A. 打开　　　　　　　　　　　　B. 关闭

三、操作题

设立新层 Layer1 和 Layer2,Layer1 层线型为 Center,颜色为红色,Layer2 层线型为 Dashed2,颜色为绿色。

教学目标：

☆ 掌握图形的重画与重新生成的操作方法；
☆ 熟练进行图形的缩放与平移的操作；
☆ 掌握平铺视口与多窗口排列的操作步骤；
☆ 熟练掌握图像的各种运用及操作。

教学重点：

☆ 掌握图形的重画与重新生成的操作方法；
☆ 熟练进行图形的缩放与平移的操作；
☆掌握平铺视口与多窗口排列的操作步骤。

教学难点：

☆ 熟练掌握图像的各种运用及操作。

模块九　图形的显示

在使用中望 CAD 进行图形绘制时，用户要对图形的显示操作有一定的了解，可以进行图形的重画与重新生成，图形的任意缩放与平移，平铺视口与多窗口排列的应用及图像的各种修改，使我们的绘制过程更加方便与清晰。

项目一　图形的重画与重新生成

一、图形的重画

重画命令可以用来刷新屏幕显示，获得正确的图形，其中如果在关闭栅格系统对图形进行自动刷新时，栅格的密度会影响刷新的速度。首先，我们先对图形重画的命令进行了解。

重画的命令启动方式有：

① 命令：REDRAW/REDRAWALL。
② 菜单：视图→重画。

二、图形的重新生成

重生成不仅对屏幕进行刷新，删除图形中的点记号，而且可以对图形数据库中所有图形对象的屏幕坐标进行更新，从而可以准确显示图形数据。

重生成的命令启动方式有：

① 命令：REGEN/REGENALL。
② 菜单：视图→重生成/全部重生成。

项目二 图形的缩放与平移

一、图形的缩放

缩放工具可以在绘图过程中,对当前视图进行放大、缩小或放大局部。缩放工具只是对视图进行调整,不会改变实际对象的尺寸。

图形缩放的命令启动方式有以下三种:

① 命令:ZOOM 简写 Z。

② 菜单:视图→缩放。

③ 工具栏:标准→窗口缩放 。

下面介绍一下缩放命令的选项:

① 全部(A):以图形范围或图形界限中较大的区域做为范围对视图进行缩放。

② 动态(D):一次操作完成缩放和平移。

③ 中心(C):重新设置图形的显示中心和放大倍数。

④ 范围(E):图形在屏幕显示最大限度,显示效果与图形界限无关。

⑤ 窗口(W):指定矩形窗口的两个对角点,将矩形窗口中选定的区域放大显示。

⑥ 对象(OB):将选择的对象进行缩放。

⑦ 比例(nX/nXP):视图中心点保持不变,将当前视图放大或缩小。

任务一:使用 ZOOM 命令对图 9-1 进行范围缩放(图 9-2)、对象缩放(图 9-3)、窗口缩放(图 9-4),观察图形的变化。

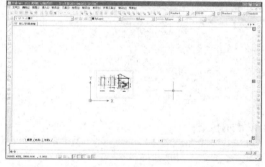

图 9-1 缩放文件

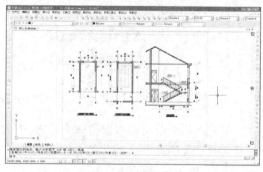

图 9-2 范围缩放

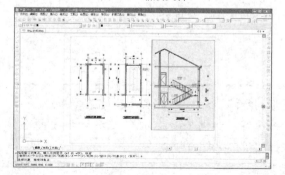

图 9-3 对象缩放

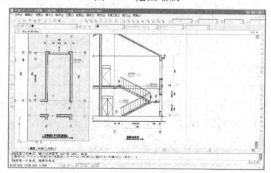

图 9-4 窗口缩放

111

1. 范围缩放（图 9-2）

命令：ZOOM↙

指定窗口的角点，输入比例因子 (nX 或 nXP)，或者

[全部 (A) /中心 (C) /动态 (D) /范围 (E) /上一个 (P) /比例 (S) /窗口 (W) /对象 (O)] <实时 > : E↙

2. 对象缩放（图 9-3）

命令：ZOOM↙

指定窗口的角点，输入比例因子 (nX 或 nXP)，或者

[全部 (A) /中心 (C) /动态 (D) /范围 (E) /上一个 (P) /比例 (S) /窗口 (W) /对象 (O)] <实时 > : O↙

选择对象：指定对角点：找到 1 个 (右击确定)

3. 窗口缩放（图 9-4）

命令：ZOOM↙

指定窗口的角点，输入比例因子 (nX 或 nXP)，或者

[全部 (A) /中心 (C) /动态 (D) /范围 (E) /上一个 (P) /比例 (S) /窗口 (W) /对象 (O)] <实时 > : W↙

指定第一个角点：指定对角点：　　//鼠标拾取图框第一个对角点、另一个对焦点

二、图形的实时缩放

使用实时缩放命令，鼠标变成放大镜图标，移动放大镜图标即可进行动态缩放，用鼠标左键向下移动，图形即可缩小显示，按住鼠标左键向上移动，图形即可放大显示，如果左右移动鼠标，图形不会变化，想退出实时缩放，按【Esc】键可退出命令。

图形实时缩放的命令启动方式有以下三种：

① 命令：RTZOOM。

② 菜单：视图→缩放→实时缩放。

③ 工具栏：标准→实时缩放 🔍 。

三、图形的平移

使用平移命令可以指定位移来重新定位图形的显示位置。

实时平移的命令启动方式有以下三种：

① 命令：PAN 简写 P。

② 菜单：视图→平移→实时平移。

③ 工具栏：视图→平移 ✋ 。

小提示：

　　执行平移命令，即可实时位移屏幕上的图形，操作过程中，右击显示快捷菜单，可直接切换为缩放、三维动态观察器、窗口缩放、缩放为原窗口和满屏缩放方式，这种切换方式称之为"透明命令"，透明命令是能在其他命令执行过程中执行的命令。

项目三　平铺视口与多窗口排列

一、平铺视口

平铺视口可将屏幕分割成多个矩形视口,并且可以在不同的视口中显示不同角度、不同显示模式的视图。

平铺视口的命令启动方式有:

① 命令:VPORTS。

② 菜单:视图→视口。

下面介绍一下视口命令的各个选项:

列出:列出当前活动视口的名称以及各个视口的屏幕位置,即左上角坐标值和右下角坐标值。

保存(S):将当前视口以指定的名称保存。

恢复(R):恢复之前保存过的视口。

删除(D):删除已命名保存的视口。

单个(SI):将当前的多个视口合并为单一视口。

合并(J):将两个相邻视口合并成一个视口。

2/3/4/:分别在模型空间中建立2、3、4个视口。

任务二:使用平铺视图将魔方在模型空间中建立三个视口,如图9-5所示。

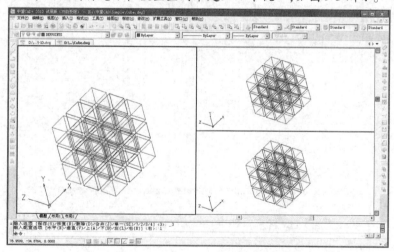

图9-5　视口建立

命令: VPORTS ↙

输入选项［保存(S)/恢复(R)/删除(D)/合并(J)/单一(SI)/?/2/3/4］<3>: _3

输入配置选项［水平(H)/垂直(V)/上(A)/下(B)/左(L)/右(R)］<右>:1

二、多窗口排列

在需要显示文件较多的情况下,可以应用窗口排列将多张打开的图纸在视图中进行布局排列。

① 层叠:可以查看每张图纸的所在路径及文件名,如图 9-6 所示。

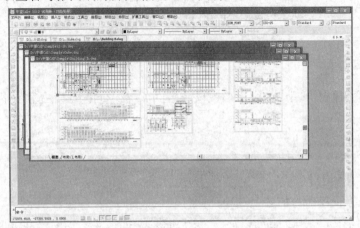

图 9-6　层叠

② 垂直平铺:可以使每张图纸的窗口进行从左向右垂直排列,如图 9-7 所示。

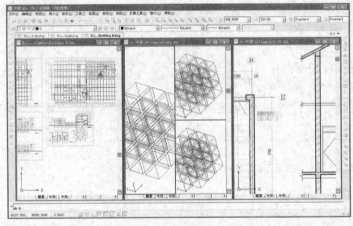

图 9-7　垂直平铺

③ 水平平铺:可以使每张图纸的窗口进行从上向下水平排列,如图 9-8 所示。

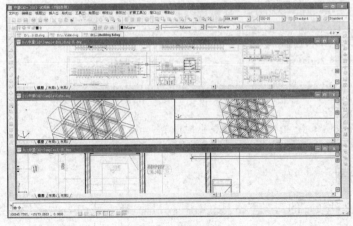

图 9-8　水平平铺

小提示：

> 窗口排列方式有层叠、水平和垂直平铺、排列图标等方式，窗口的大小将自动调整以适应所提供的空间。

项目四　图　　像

一、插入光栅图像

日常用户应用扫描仪、数码照相机、航拍所获得的图片，在中望 CAD 中均为光栅图像。由于光栅图像是由像素点组成，又称"点阵图"或"位图"。

插入光栅图形的命令启动方式有：

① 命令：IMAGEATTACH 简写 IAT。

② 菜单：插入→光栅图像。

小提示：

> 还有一种类型图像是矢量图，矢量图像也称为"面向对象的图像或绘图图像"，在数学上定义为一系列由线连接的点。因光栅图像文件通常比矢量图形文件小，所以光栅图像相比矢量图缩放和平移速度快。

任务三：通过插入光栅图像，打开光栅图文件。

执行 IMAGEATTACH 命令后，打开"选择图像文件"对话框，如图 9-9 所示。

单击"打开"按钮，弹出"图像"对话框，单击"确定"按钮，然后根据窗口的提示可确定图像的大小，如图 9-10 所示。

图 9-9　"选择图像文件"对话框

图 9-10　"图像"对话框

小提示：

> 中望 CAD 支持常见的光栅图像文件，如 bmp、jpg、gif、png、tif、pcx、tga 等类型的光栅图像文件。
>
> 光栅图像如果放得太大，就会出现马赛克状的像素点，如果需要放很大的话，需要高质量的分辨率图像。

二、图像管理

用户可利用图像管理器进行许多操作,这里我们将对这些插入的光栅图像进行查看、删除、更新等操作的学习,如图 9-11 所示。

图 9-11 "图像管理器"对话框

图像管理器的命令启动方式有:

① 命令:IMAGE 简写 IM。

② 菜单:插入→图像管理器。

图像管理器的选项介绍如下:

附着:可在其中选择需要的图像插入到当前绘图区中。

拆离:从当前图形文件中删除选中的图像文件。

重载:加载最新版本的图像文件,或重载以前被卸载的图像文件。

卸载:从当前图形文件中卸载指定的图像文件,但图像对象不从图形中删除。

对话框中显示了当前图形中所有图像名、状态、大小、类型、日期和保存路径等信息。

三、图像调整

在图像调整中,用户可以对图像的亮度、对比度、褪色度进行调整。

图像调整的命令启动方式有:

① 命令:IMAGEADJUST 简写 IAD。

② 菜单:修改→对象→图像→调整。

在命令行输入 IAD,打开如图 9-12 对话框,用户可以根据需要进行图像调整。

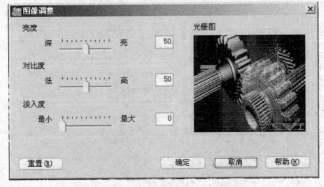

图 9-12 "图像调整"对话框

小提示：

在操作的同时,可在预览中查看修改时的效果。此命令只调整了图像的显示效果和打印输出的结果,不会对原来的光栅图像文件进行调整。

四、图像质量

用户还可以通过图像质量对图像的显示质量进行控制。

图像质量的命令启动方式有：

① 命令:IMAGEQUALITY。

② 菜单:修改→对象→图像→质量。

小提示：

图像显示的质量则直接影响显示性能,高质量图像降低程序性能。改变此设置后不必重新生成,此命令的改变将影响到图形中所有图像的显示,在打印时都是使用高质量的显示。

五、图像边框

在对图像进行操作时,还可以通过对当前图像是否打印和显示边框进行控制。

图像边框的命令启动方式有：

① 命令:IMAGEFRAME。

② 菜单:修改→对象→图像→边框。

小提示：

一般情况下,用户选择光栅图像是通过单击图像边框来选择的。为了避免意外选择图像,所以需要关闭图像边框。根据不同情况来选择不同的图像边框显示方式,以满足不同的绘图需求。

Imageframe 参数值:对应参数值描述:

Imageframe =0:不显示也不打印图像边框,此时不可对图像对象进行选择。

Imageframe =1:显示并打印图像边框,以便用户选择图像。

Imageframe =2:显示但不打印边框。

六、图像剪裁

用户还可以对图像对象进行剪裁新的边界。

① 命令:IMAGECLIP 简写 ICL。

② 菜单:修改→剪裁→图像。

小提示：

必须在与图像对象平行的平面中指定边界。

任务四:把图 9-13 编辑为图 9-14,图 9-13 所示为图像剪裁前,图 9-14 所示为图像剪裁后。

图 9-13 剪裁前   图 9-14 剪裁后

命令:IMAGECLIP ↙
请选择一个图像实体:↙
输入图像剪裁选项:开(ON)/关(OFF)/删除(D)/<新建边界(N)>:N ↙
请选择剪切边界类型:多边形(P)/<矩形(R)>:P ↙
选择第一个边界点:↙   //拾取 A 点
指定下一点或[放弃(U)]↙   //拾取 B 点
指定下一点或[放弃(U)]↙   //拾取 C 点
指定下一点或:[闭合(C)/放弃(U)]↙   //拾取 D 点
指定下一点或:[闭合(C)/放弃(U)]:C ↙

七、绘图顺序

用户绘制图形的先后顺序就决定了图形显示的顺序,如果多个图形相互覆盖时就需要用户对图行的显示顺序进行修改,保证其正确的显示和输出。

绘图顺序的命令启动方式有:

① 命令:DRAWORDER。

② 菜单:工具→绘图次序。

小提示:

默认情况绘制对象的先后顺序,就决定了对象的显示顺序,例如把一个对象移到另一个之后。当两个或更多对象相互覆盖时,图形顺序将保证正确的显示和打印输出。例如,如果将光栅图像插入到现有对象上面,就会遮盖现有对象,这时就有必要调整图形顺序了。

任务五:按照图 9-15 绘制一个实心填充五边形,然后再绘制一个圆,尺寸用户自定即可,绘制完成后使用 DRAWORDER 命令把图 9-15 的绘图顺序改为 9-16 的显示效果。

命令:DRAWORDER ↙
选择要改变绘制顺序的对象:↙   //选择圆形
选择集当中的对象:1 ↙
选择要改变绘制顺序的对象:↙   //右击
输入对象顺序选项[对象上(A)/对象下(U)/最前(F)/最后(B)]<最后>:U ↙

选择参照对象：　　　　　　　　//选择五边形

选择集当中的对象：1

选择参照对象：　　　　　　　　//右击

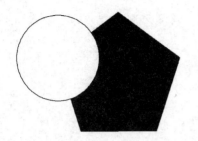

图 9-15　先绘制五边形

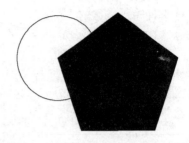

图 9-16　将圆形放置在五边形下方

小　　结

通过本模块的学习,用户能够熟练掌握图形的重画与重新生成,将图形的缩放与平移进行合理的应用,并且能够熟练掌握在绘图过程中对图形进行鸟瞰视图及窗口的应用,通过完成任务强化了对图形视图的设置方法。

拓展训练

一、填空题

1. 使用_____,用户就像在空中俯视一样,可以快速地找出并放大图形中的某个部分。

2. 查看处在屏幕外的图形,应用_____命令,使用_____命令比 ZOOM 命令流畅,因为它没有进行缩放显示。

3. _____命令用于重画屏幕上的图像,当所见到的图形不完整时,可用该命令。屏幕上或当前视图区中原有的图形消失,紧接着把图形又重画一遍。

二、选择题

1. (　　)可以重新生成图形所用的时间较长,此命令要把图形文件的原始数据全部重新计算一遍后再显示出来。

A. REDRAW 命令　　　　　　B. REGEN 命令　　　　　　C. UNDO 命令

2. 中望 CAD 默认的工作视图为(　　　)

A. 仰视　　　　　　　　　　B. 后视　　　　　　　　　　C. 俯视

三、操作题

制作一个图形并设置各种视图,其中使用各种视图编辑工具。

教学目标：

☆ 掌握文字样式的设置；
☆ 熟练掌握输入文字的方法；
☆ 熟练掌握文字的编辑。

教学重点：

☆ 熟练掌握输入文字的方法；
☆ 熟练掌握文字的编辑。

教学难点：

☆ 熟练掌握文字的编辑。

模块十　文　字

图形绘制完成后，基本图形上无法用图形表示的内容，可以采取文字说明的形式来表达。

项目一　设置文字样式

在标注图形之前，要对文字的字体、字号、角度等进行设置，创建适合图形的文字样式。当输入文字对象时，必须将新建的文字样式置为当前。

设置文字样式的命令启动方式有：

① 命令：STYLE 简写 ST。

② 菜单：格式→文字样式。

③ 工具栏：单击"文字"工具栏上的"文字样式"命令按钮 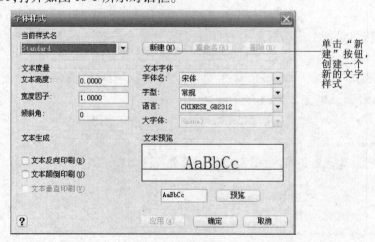。

任务一：新建一个"文字标注"的字体样式。

① 命令：ST，打开如图 10-1 所示对话框。

图 10-1　"字体样式"对话框

②　单击"新建"按钮,打开如图 10-2 所示对话框,创建一个新的文字样式,在"样式名"里输入"文字标注"。

③　单击"确定"按钮,显示如图 10-3 所示。

图 10-2　"新文字样式"对话框

小提示:

在"新文字样式"对话框中,如果不输入新的样式名,CAD 将自动给新建文字样式命名为"样式 1",文字样式名最长可达 225 个字符,样式名称中可以包括字母、数字和特殊字符。

把宽度因子改为 0.7,文本高度按系统默认,设为 0,当输入文字时,系统会提示确定文字的高度,这时可以根据需要设置文字的高度

选择适合图形标注的字体

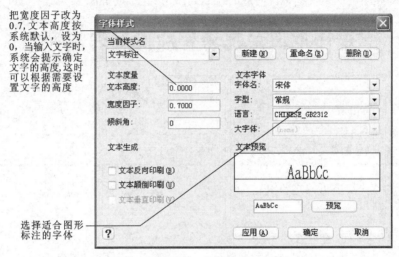

图 10-3　文字样式

④　设置好字体样式后,单击"确定"按钮即可。

小提示:

如果想更改当前样式名,可单击"重命名"按钮进行修改,也可以用"删除"按钮删除当前样式名,但 CAD 默认的文字样式 Standard 不能被更改和删除。

项目二　输入文字

中望 CAD 教育版提供了两种输入文字方式,单行文字和多行文字。

一、单行文字

当输入的文本不是很长就可以使用单行文字命令创建单行文本,单行文字并不是指使用该命令只能输入一行文字,而是指输入的每一行文字都可以作为一个对象来编辑。

单行文字的命令启动方式有:

①　命令:TEXT 简写 DT。

②　菜单:绘图→文字→单行文字。

③ 工具栏：单击"文字"工具栏上的"单行文字"命令 。

任务二：用单行文字输入"整体地面是现场整浇而成的地面"。

命令：DT↙

当前文字样式："文字标注"文字高度：2.5000

指定文字的起点或[对正(J)/样式(S)]：　　　//在 CAD 界面单击指定文字的起点

指定文字高度 <2.5000 >：↙　　　　　　　//采用默认的高度 2.5000

指定文字旋转角度 <0 >：↙　　　　　　　//采用默认的角度 0

输入文字"整体地面是现场整浇而成的地面"，按两次【Enter】键，结束命令，如图 10-4 所示。

整体地面是现场整浇而成的地面

图 10-4　单行文字

小提示：

> 指定文字旋转角度是输入文字的倾斜角度。

输入单行文字时，还可以选择其他命令：

命令：DT↙

当前文字样式："文字标注"文字高度：2.5000

指定文字的起点或[对正(J)/样式(S)]：J↙　　　//命令行会提示以下命令：

[对齐(A)/布满(F)/居中(C)/中间(M)/右对齐(R)/左上(TL)/中上(TC)/右上(TR)/左中(ML)/正中(MC)/右中(MR)/左下(BL)/中下(BC)/右下(BR)]：　　//用户根据图形的需要输入选项名称

命令中各选项的意义如下：

对齐(A)：系统提示指定文字的第一个端点和第二个端点，确定文字的高度和方向。

布满(F)：系统提示指定文字基线的第一个端点和第二个端点，文字的高度可以输入，宽度是基线的两个端点之间的距离与字符数确定。字高不变，字符越多，字符越窄。

居中(C)：指定文字的中心点，从中心点对齐文字。

中间(M)：文字与基线的水平中点和指定高度的垂直中点上对齐。

右对齐(R)：在指定的基线上右对齐文字。

任务三：用单行文字的"样式"(S)命令输入"楼地面是人们在房屋中接触最多的部分"。

命令：DT↙

当前文字样式："文字标注"文字高度：2.5000↙

指定文字的起点或[对正(J)/样式(S)]：S↙ //用来选择文字的字体样式，字体会随着新的字体样式改变，改为当前字体样式对应的字体

输入样式名或[?] <文字标注 >：↙　　　　//采用文字标注的样式

当前文字样式："文字标注"文字高度：2.5000

指定文字的起点或[对正(J)/样式(S)]：　　//在 CAD 界面单击指定文字的起点

指定高度 <2.5000 >：↙　　　　　　　//采用默认的高度

指定文字的旋转角度 <0 >：↙　　　　　//采用默认的角度

122

输入文字"楼地面是人们在房屋中接触最多的部分",如图 10-5 所示。

楼地面是人们在房屋中接触最多的部分

图 10-5 单行文字

二、多行文字

当输入的文本很长时,就可以使用多行文字命令,利用"多行文字"命令可以一次输入多行文字,并且这些文字都是对齐排列,所有行的文字作为一个对象进行编辑。

多行文字命令的启动方式有以下三种:

① 命令:MTEXT 简写 MT 或 T。

② 菜单:绘图→文字→多行文字。

③ 工具栏:单击"文字"工具栏上的"多行文字"命令 。

任务四:用多行文字命令输入"工程图纸书写的文字、数字或符号等,均应笔画清晰、字体端正、排列整齐"。

命令:MT↙

MTEXT 当前文字样式:"文字标注"文字高度:2.5

指定第一个角点:　　　　　//该提示要求用户在绘图区域指定一点作为一个用来输入多行文字的矩形区域的第一个角点

指定对角点或[高度(H)/对正(J)/行距(L)/旋转(R)/样式(S)/宽度(W)]:

　　　　　　//指定文字的第二个角点或根据图形的需要输入选项名称。用户再指定用来输入多行文字的矩形区域的第二个角点,之后弹出"文本格式"对话框,如图 10-6 所示

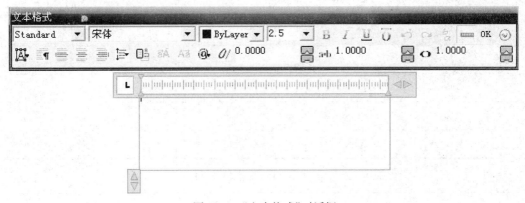

图 10-6 "文本格式"对话框

在文本格式里的 Standard 下拉菜单里选择"文字标注"的文字样式,再选择适合图形标注的文字的字体,如选择"仿宋_GB2312"。设置文字的字高,可以设置字高为 5。在文本框里输入文本,如图 10-7 所示。

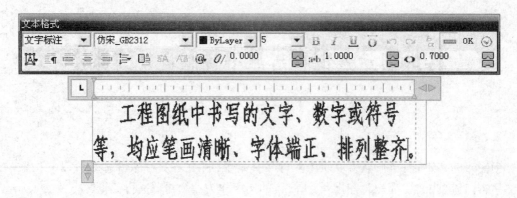

图 10-7 输入多行文字

小提示：

用多行文字输入的文本，可以对单个或多个字符进行设置，如字体、高度、加粗、倾斜、下画线和上画线等。先利用鼠标左键选中文字，然后对多行文字进行各项设置。文字格式当中的字高，就相当于我们使用 Word 时设置的字号，字高的数字越大，字越大。

三、特殊字符的输入

输入文本时，除了汉字和字母外，还需要输入一些特殊字符，这些特殊字符不能直接由键盘输入，可以通过特殊的代码进行输入。各代码如表 10-1 所示。

表 10-1 特殊字符的代码

CAD 输入	字符	说明
％％P	±	正负号
％％D	°	度
％％C	φ	直径符号
％％％	%	百分号
％％O	‾	上画线
％％U	_	下画线

项目三 文字编辑

CAD 输入的文本有时需要重新编辑，最简单的方法是双击需要编辑的文字进行修改。如果双击的是单行文字可以直接修改，如果双击的是多行文字，会弹出多行文字编辑对话框，在对话框中对文字进行修改。

文字编辑的命令启动方式有：

① 命令：DDEDIT 简写 ED。

② 菜单：修改→对象→文字→编辑。

任务五：使用编辑命令修改文本内容，把"图样的比例是图形和实物相对应的线性尺寸之比"，修改为"比例的大小是指比值的大小"。

命令：ED↙

DDEDIT

选择注释对象或［撤销(U)］：选择要编辑的文字

默认光标在文字的最前面，可以根据需要放在合适的位置，修改文字。选中要修改的文字如图 10-8 所示。

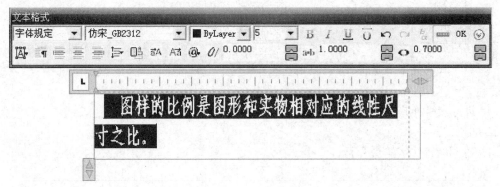

图 10-8　选中文字

输入"比例的大小是指比值的大小"，如图 10-9 所示。

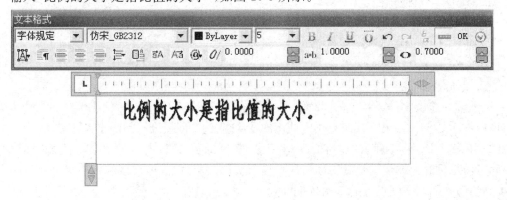

图 10-9　修改文字

小提示：

如果文本是用单行文字命令输入的，选中文字后直接进行修改。如果文本是用多行命令输入的，双击文字后会弹出多行文字编辑对话框，在文本框里修改文字内容。

小　　结

通过本模块的学习,用户能够掌握文字样式的设置,熟练掌握用单行命令和多行命令输入文字,熟练掌握对文字的编辑。通过完成任务一～任务六,使用户可以熟练在 CAD 图中输入并编辑文字。

拓展训练

一、填空题

1. 中望 CAD 提供了两种输入文字的方式,分别是_____和_____。

2. 在图形标注之前,要对文字的_____、_____、_____等进行设置。

3. 当输入的文字不是很长,就使用_____命令,当要输入成段的文字,可以使用_____命令。

4. 设置文字样式的方法有几种:_____、_____、_____。

二、选择题

1. 输入单行文字的命令是(　　)。

A. ST　　　　　　　B. DT　　　　　　　C. MT　　　　　　　D. TR

2. 设置文字样式的命令是(　　)。

A. ST　　　　　　　B. DT　　　　　　　C. MT　　　　　　　D. TR

3. 修改文字可使用命令(　　)。

A. ST　　　　　　　B. DT　　　　　　　C. MT　　　　　　　D. ED

4. 在 CAD 界面中输入±0.000,可输入(　　)。

A. %%C0.000　　　B. %%%0.000　　　C. %%P0.000　　　D. %%D0.000

三、操作题

1. 设置一个文字样式名"建筑平面图",字体仿宋 GB2312,字高 7,宽度比例 0.7,其他为默认值,采用单行文字命令输入"建筑是供人使用的,因此它的空间尺度必须满足人体活动的要求"。

2. 用多行文字命令输入"建筑的踏步尺寸、窗台高度、栏杆的高度、门洞、走廊、楼梯的宽度和高度,都是和人体尺度及其活动所需尺度有关的。所以,人体尺度和人体活动所需的空间尺度是房间平面与空间设计的基本依据"。

3. 利用多行文字输入图 10-10 所示文本。

技术要求

1. 两齿轮轮齿的啮合长度应占齿长的3/4以上。
2. 盖和齿轮的侧面间隙应调整为0.05~0.11mm。
3. 当机温达到90℃±3℃,油压为6kg/cm²时,油泵转速应为1857r/min,流量不得小于3290L/h。

图 10-10

教学目标：

☆ 掌握表格样式的设置；
☆ 熟练掌握插入表格的方法；
☆ 熟练掌握表格的编辑。

教学重点：

☆ 熟练掌握插入表格的方法；
☆ 熟练掌握表格的编辑。

教学难点：

☆ 熟练掌握表格的编辑。

模块十一　表格的绘制与编辑

图形绘制完成后，有些数据需用表格输入，中望 CAD 为用户提供了创建表格和插入表格的功能。

项目一　设置表格样式

表格样式主要是控制表格基本形状和间距。在插入表格之前，要创建一个适合图形的新表格样式，然后将新建的表格样式置为当前。

设置表格样式的命令启动方式有以下三种：

① 命令：TABLESTYLE。

② 菜单：格式→表格样式。

③ 工具栏：单击"样式"工具栏上的"表格样式"命令按钮 ⊞ 。

任务一：创建一个名称为"图形一表格"新表格样式。

① 命令：TABLESTYLE，如图 11-1 所示对话框。

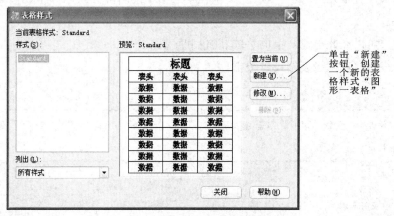

图 11-1　"表格样式"对话框

② 单击"新建"按钮,如图 11-2 所示。

图 11-2　"创建新的表格样式"对话框

③ 单击"继续"按钮,如图 11-3 所示。

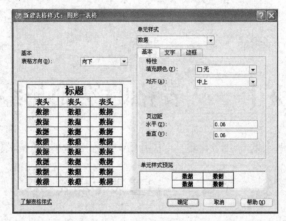

图 11-3　编辑表格样式

④ 单击"确定"按钮,返回"表格样式"对话框,再单击"置为当前"按钮,使新建样式成为当前样式,完成任务。

创建表格样式时用户应该对新建表格样式对话框中的常用选项有所了解,下面就所涉及到的各选项卡的功能介绍如下:

单元样式:打开"单元格式"下拉列表包括数据、标题和表头三个选项。

基本:用来设置单元格的填充颜色、文字在单元格中的对齐方式以及单元格文字与单元格左右边界的距离。

文字:用户可以在此设置文字的字体、颜色和字高。

边框:用户可以在此给表格设置边框。

小提示:

在表格方向一栏中"向下"表示数据在标题和表头的下面。选择"向上",数据就在标题和表头的上面。

项目二　插入表格

表格样式设置好后,就可以在图中插入表格。

插入表格的命令启动方式有以下三种:

① 命令:TABLE。

② 菜单:绘图→表格。

③ 工具栏:单击"绘图"工具栏上的"表格"命令按钮。

任务二:插入表格,选择"图形一表格"样式,插入方式选择"指定插入点"。标题为"初三一班成绩",表头为"姓名"、"数学"、"语文"和"英语",数据里填上成绩。

① 命令:TABLE,打开如图 11-4 所示对话框。

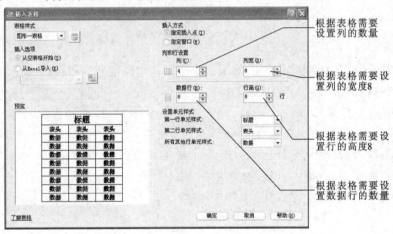

图 11-4　"插入表格"对话框

② 设置完成后,单击"确定"按钮,然后在绘图窗口适当位置插入表格如图 11-5 所示。

初三一班成绩			
姓名	数学	语文	英语
王艳	100	98	94
李红	98	96	92
王东升	89	93	94
孙杰	92	86	90
张春红	87	83	87
吕红	85	90	93
谢军	84	82	76
赵德军	86	80	78

图 11-5　插入的表格

任务三:插入表格,选择"图形一表格"样式,插入方式选择"指定窗口"。

① 命令:TABLE,打开如图 11-6 所示对话框。

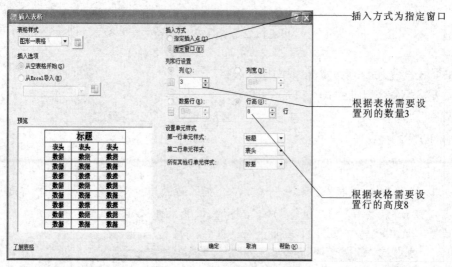

图 11-6　"插入表格"对话框

② 设置完成后,单击"确定"按钮,然后在绘图窗口中调整列宽和行高,插入表格。

任务四:编辑表格,移动表格、改变表格的列宽和行高。

① 首先按照图 11-7 绘制一个表格,然后按照提示编辑、移动和改变表格,如图 11-8 ~ 图 11-10 所示。

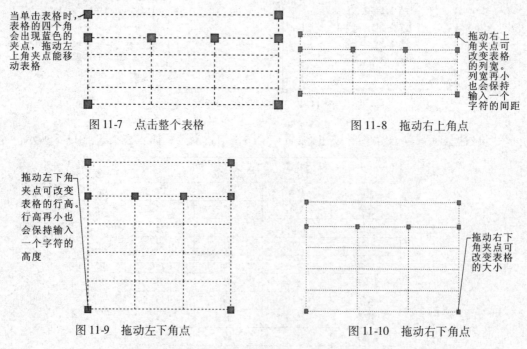

图 11-7　点击整个表格　　　　　　图 11-8　拖动右上角点

图 11-9　拖动左下角点　　　　　　图 11-10　拖动右下角点

② 单击其中一个单元格,移动里面的夹点可改变这个表格的行高和列宽,如图 11-11 所示。

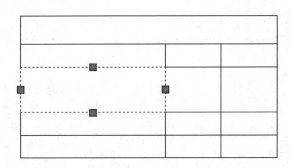

图 11-11 单击一个单元格

小提示:

实际中,有时需要把两个或多个单元格进行合并,可选中需合并的单元格右击选择"合并"选项。当表格的行高和列宽不相等时,可把表格全部选中,在表格上右击可用"均匀调整列大小"和"均匀调整行大小"选项,调整表格的行高和列宽。

任务五:编辑表格文字,在标题行里输入对比表,在表头行里输入序号、深度和速度,在数据行里输入数据值。

① 命令:TABLE,打开如图 11-12 所示对话框。

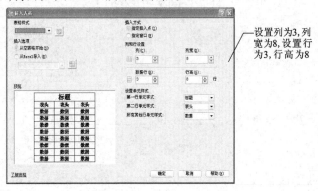

设置列为3,列宽为8,设置行为3,行高为8

图 11-12 "插入表格"对话框

② 单击"确定"按钮,在绘图窗口插入表格如图 11-13 所示。

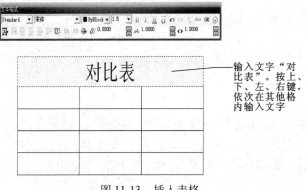

输入文字"对比表"。按上、下、左、右键,依次在其他格内输入文字

图 11-13 插入表格

131

③ 单击 OK 按钮结束命令,如图 11-14 所示。

对比表

序号	深度	速度
1	0.0~6.6	15.9
2	6.6~10.2	18.3
3	10.2~16.8	25.0

图 11-14　对比表

小　　结

通过本模块的学习,用户能够掌握表格样式的设置,熟练掌握插入表格的方法和表格的编辑。可以熟练在 CAD 图中插入表格,通过完成任务一~任务五强化了表格样式的设置方法和对表格的编辑。

拓展训练

一、填空题

1. 设置表格样式有_____、_____、_____三种方式。

2. 拖动表格左上角夹点可以_____表格。

3. 拖动表格右下角夹点可以_____和_____表格。

4. 插入表格有_____、_____、_____三种方式。

二、选择题

1. 设置表格样式的命令(　　)。

A. TABLESTYLE　　　　　　B. TABLE　　　　　　　　C. STYLE

2. 拖动表格的右上角点可改变表格的(　　)。

A. 行高　　　　　　　　B. 放大或缩小表格　　C. 列宽　　　　　　D. 移动表格

3. 拖动表格的左下角点夹点可改变表格的(　　)。

A. 行高　　　　　　　　B. 放大或缩小表格　　C. 列宽　　　　　　D. 移动表格

4. 在表格方向一栏中"向下"表示数据在标题和表头的(　　)。

A. 上面　　　　　　　B. 左面　　　　　　C. 右面　　　　　D. 下面

三、操作题

1. 新建一个表格样式,标题为"门窗表"。表格基本方向"向下",水平和垂直方向的页边距分别为 0.05。文字选择"仿宋 GB2312",高为 1。文字颜色为"红色"。

2. 在 CAD 界面插入 12 行 4 列的表格,列宽为 8,行高也为 8。

3. 绘制如图 11-15 和图 11-16 所示表格。

		比例	1:500	第　张	
		材料		共　张	
制图			件数		图号	
设计						
审核						

图 11-15

螺杆类型		阿基米德
蜗杆头数	Z_1	1
轴面模数	M_s	4
直径系数	q	10
轴面齿形角	a	20°
螺旋线升角		5°42′38″
精度等级		8Egb10089-88
轴向齿距极限偏差	$\pm f_{px}$	±0.020
轴向齿距累积公差	f_{px1}	0.034
齿形公差	f_{fl}	0.032

图 11-16

模块十二　尺寸标注

尺寸是构成图形的一个重要部分，尺寸标注不但表达图形的大小，还要表达各部分相对位置关系，中望 CAD 提供了灵活、快捷的尺寸标注方法。

项目一　尺寸标注相关规定与组成

一、图形标注时的基本规定

① 图形上的尺寸线和尺寸界线用细实线绘制。

② 图形上的尺寸，应以标注文字为准，不得从图上直接量取。

③ 图形轮廓线可用做尺寸界线，图形本身的任何图线均不得用做尺寸线。

④ 标注文字应依据其方向注写在靠近尺寸线的上方中部。

⑤ 图形标注尺寸时除标高及总平面图以 m 为单位外，其他是以 mm 为单位，不用标注单位名称（适用于建筑制图标准）。

⑥ 标注的尺寸应完整、清晰。

利用中望 CAD 的"尺寸标注"命令可以标注图纸中各个方向、各种形式的尺寸。

二、尺寸标注的组成

尺寸标注是以块的形式存储在图形中，包括尺寸界线、尺寸线、标注文字、箭头等，如图 12-1 所示。

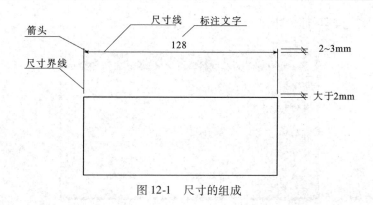

图 12-1 尺寸的组成

项目二 设置标注样式

为了满足不同用户的标注要求,中望 CAD 可以根据需要自行新建符合图形的标注样式或者修改尺寸标注样式。

打开"标注样式管理器"对话框的命令启动方式有以下三种:

① 命令:DIMSTYLE 简写 D。

② 菜单:格式→标注样式。

③ 工具栏:单击"标注"工具栏上的"标注样式"按钮 。

任务一:新建一个名为"尺寸标注"的标注样式,在"直线"和"箭头"选项卡里,将基线间距改为 8、超出尺寸线改为 3、起点偏移量改为 2;在"文字"选项卡里,将文字高度改为 5、从尺寸线偏移改为 2;在"调整"选项卡里,文字位置选择尺寸线上方,不加引线;在"主单位"选项卡里,把精度改为 0。

① 命令:D,打开如图 12-2 所示对话框。

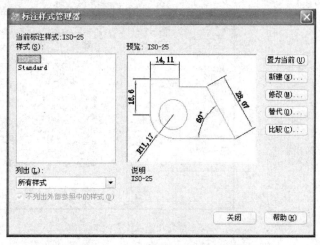

图 12-2 "标注样式管理器"对话框

② 单击"新建"按钮,打开如图 12-3 所示对话框。

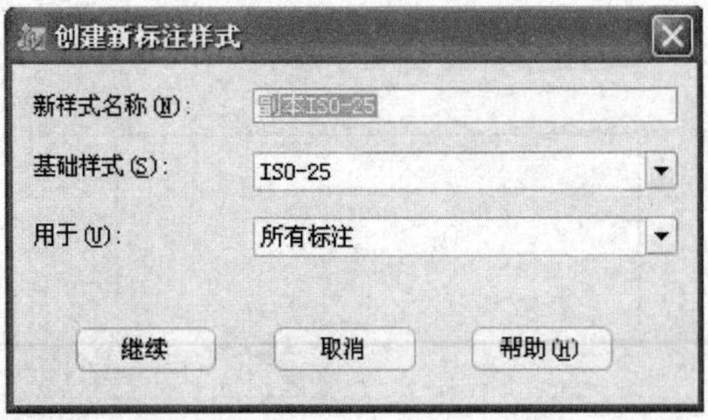

图 12-3 "创建新标注样式"对话框一

③ 单击"继续"按钮,打开如图 12-4 所示对话框。

输入新建样式名
称"尺寸标注"

选择一种基础样
式,新样式在此
基础上进行修改

图 12-4 "创建新标注样式"对话框二

④ 单击"继续"按钮,打开如图 12-5 所示对话框。

在"基线间距"
文本框中输入8

在"超出尺寸线"
文本框中输入3

在"起点偏移量"
文本框中输入2

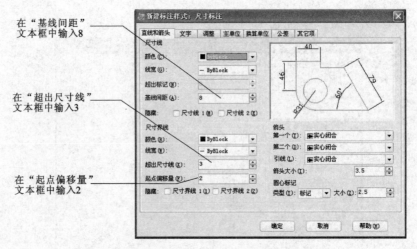

图 12-5 "线和箭头"选项卡

⑤ 选择"文字"选项卡,设置如图 12-6 所示。

在"文字高度"
文本框中输入5

在"从尺寸线偏移"
文本框中输入2

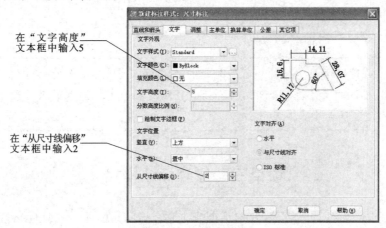

图 12-6　"文字"选项卡

⑥ 选择"调整"选项卡,设置如图 12-7 所示。

选中"尺寸线
上方,不加引
线"单选按钮,
其他参数默认

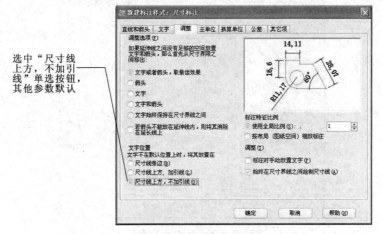

图 12-7　"调整"选项卡

⑦ 选择"主单位"选项卡,打开如图 12-8 所示对话框。

在此将精度
设置成0

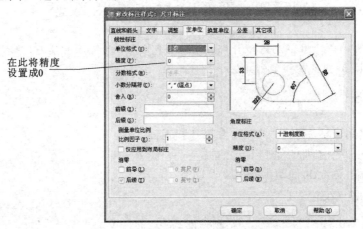

图 12-8　"主单位"选项卡

⑧ 设置完成后,单击"确定"按钮,再单击"置为当前"按钮,关闭"标注样式管理器"对话框。

小提示:

> 在"主单位"选项卡里,把精度设为 0,这样在标注尺寸时,所有的尺寸都是整数,如果精度选择 0.0,标注的尺寸会有一位小数,如果精度选择 0.00,标注的尺寸会有两位小数。长度单位的精度最高为小数点后 8 位。

项目三 修改标注样式

用户可以利用"标注样式管理器"对话框修改原有的尺寸标注样式,单击"修改"按钮,打开如图 12-9 所示对话框,根据图形的需要修改各选项卡数值,其操作步骤和新建标注样式相同。设置完成后,单击"置为当前"按钮并关闭对话框。

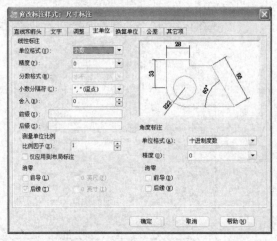

图 12-9 修改标注样式管理器

项目四 图形尺寸标注常用类型

中望 CAD 为用户提供了多种尺寸标注类型,常用的尺寸标注方法有线性标注、连续标注、对齐标注、直径标注、半径标注、角度标注和基线标注。

一、线性标注

线性标注是用来标注水平尺寸、垂直尺寸和旋转尺寸。

线性标注的命令启动方式有以下三种:

① 命令:DIMLINEAR 简写 DIMLIN 或 DLI。

② 菜单:标注→线性。

③ 工具栏:单击标注工具栏中"线性标注"按钮 。

任务二：利用线性标注给图 12-10 所示图形标注尺寸。

命令：DLI↙

指定第一条延伸线原点或＜选择对象＞： //选择 A 点

指定第二条延伸线原点： //选择 B 点

指定尺寸线位置或

[多行文字(M)/文字(T)/角度(A)/水平(H)/垂直(V)/旋转(R)]： //拖动光标将尺

寸线放置在合适的位置单击，完成操作。这就创建了无关联的标注

标注注释文字 =60

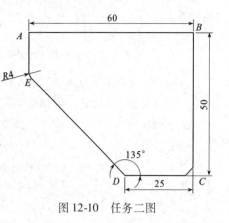

图 12-10　任务二图

重复以上命令分别标注 *BC*、*CD* 的距离。

命令中其他选项的意义如下：

多行文字(M)：用户根据图形的需要，对标注文字进行多行文字编辑。

文字(T)：用户根据自己的需要，在命令行输入自己需要的尺寸文字。

角度(A)：尺寸数字按指定的角度倾斜标注。

水平(H)：尺寸线都是水平标注。

垂直(V)：尺寸线都是垂直标注。

旋转(R)：尺寸线是按指定的旋转角度倾斜标注，用户可以利用此选项标注倾斜的对象。

小提示：

　　删掉尖括号，输入用户需要文字或数值，尺寸标注的关联性会失去，也就是说尺寸数字不能随着标注对象的改变而自动调整。

任务三：绘制一个如图 12-11 所示直径为 100 的圆柱体，用多行文字输入 ϕ100。

命令：DLI↙

指定第一条延伸线原点或＜选择对象＞： //选择圆柱体的左端点

指定第二条延伸线原点： //选择圆柱体的右端点

指定尺寸线位置或

[多行文字(M)/文字(T)/角度(A)/水平(H)/垂直(V)/旋转(R)]：M↙

弹出"文本格式"对话框，输入％％C，单击 OK 按钮，如图 12-12 所示。

图 12-11　任务三图

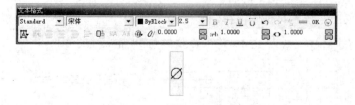

图 12-12　"文本格式"对话框

指定尺寸线位置或

[多行文字(M)/文字(T)/角度(A)/水平(H)/垂直(V)/旋转(R)]:

        //拖动光标将尺寸线放置在合适的位置单击,完成任务标注注释文字=100

任务四:绘制一个如图 12-13 所示长为 100,宽为 40 的矩形,其中将 AB 边标注尺寸倾斜 45°,并将 AD 边长的标注尺寸线旋转 15°。

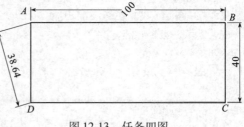

图 12-13　任务四图

命令:DLI ✓

指定第一条延伸线原点或 <选择对象>:　//选择A点

指定第二条延伸线原点:　　　　　　　//选择B点

指定尺寸线位置或

[多行文字(M)/文字(T)/角度(A)/水平(H)/垂直(V)/旋转(R)]:A✓

指定标注文字的角度:45✓

指定尺寸线位置或

[多行文字(M)/文字(T)/角度(A)/水平(H)/垂直(V)/旋转(R)]:

        //拖动光标将尺寸线放置在合适的位置单击,完成任务

标注注释文字=100。

重复以上命令标注 AD 的距离。

命令:DLI ✓

指定尺寸线位置或

[多行文字(M)/文字(T)/角度(A)/水平(H)/垂直(V)/旋转(R)]:R✓

指定尺寸线的角度<0>:15✓

指定尺寸线位置或

[多行文字(M)/文字(T)/角度(A)/水平(H)/垂直(V)/旋转(R)]:

        //拖动光标将尺寸线放置在合适的位置单击,完成任务

标注注释文字=38.64。

二、连续标注

连续标注是首尾相连的多个标注,在创建连续标注之前,必须创建线性、对齐或角度标注。

连续标注的命令启动方式有以下三种:

① 命令:DIMCONTINUE 简写 DCO。

② 菜单:标注→连续。

③ 工具栏:单击标注工具栏中"连续标注"按钮 ┤┝ 。

任务五:利用连续标注给图 12-14 所示建筑图形-塔吊标注尺寸。

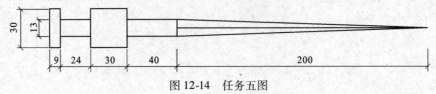

图 12-14　任务五图

先利用线性尺寸标注第一条尺寸 9。然后执行以下操作：

命令:DCO↙

指定第二条尺寸界线原点或[放弃(U)/选择(S)]<选择>:

//指定需连续标注的第二条尺寸界线原点

标注注释文字=24。

指定第二条尺寸界线原点或[放弃(U)/选择(S)]<选择>://指定需连续标注的第三条尺寸界线原点

标注注释文字=30。

指定第二条尺寸界线原点或[放弃(U)/选择(S)]<选择>://指定需连续标注的第四条尺寸界线原点

标注注释文字=40。

指定第二条尺寸界线原点或[放弃(U)/选择(S)]<选择>://指定需连续标注的第五条尺寸界线原点

标注注释文字=200。

指定第二条尺寸界线原点或[放弃(U)/选择(S)]<选择>://此命令会反复提示,直到按两次【Enter】键结束命令

小提示:

> 连续标注前,要先标注一个线性尺寸或角度标注。在连续标注尺寸过程中,标注下一个连续尺寸必须是同一方向,不能是相反方向标注。如果向相反方向标注的话,会把原来标注的尺寸数字覆盖。

三、对齐标注

对齐标注是指标注出来的尺寸线与图形的斜线平行,反映图形斜线的实际长度。

对齐标注的命令启动方式有以下三种:

① 命令:DIMALIGNED 简写 DAL。

② 菜单:标注→对齐。

③ 工具栏:单击标注工具栏中"对齐标注"按钮 。

任务六:利用对齐标注给图形 12-15 所示图形标注尺寸。

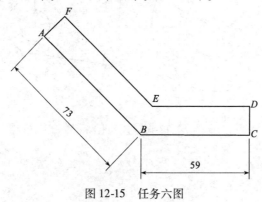

图 12-15   任务六图

命令：DAL↙
指定第一条延伸线原点或＜选择对象＞：　　　　//选择第一个点 A
指定第二条延伸线原点：　　　　　　　　　　　//选择第二个点 B
指定尺寸线位置或
[多行文字(M)/文字(T)/角度(A)]：　　　　//指定尺寸线的位置

标注注释文字 =73。

指定第一条延伸线原点或＜选择对象＞：　　　　//选择第一个点 B
指定第二条延伸线原点：　　　　　　　　　　　//选择第二个点 C
指定尺寸线位置或
[多行文字(M)/文字(T)/角度(A)]：　　　　//指定尺寸线的位置

标注注释文字 =59。

小提示：

　　命令行提示指定第一条延伸线原点或选择对象时，右击或按【Enter】键，命令行会提示选取标注对象，这时中望 CAD 会自动确定两条尺寸界线的起始点。指定要标注的直线 *AB*，命令行提示：指定尺寸线位置或[多行文字(M)/文字(T)/角度(A)]：指定尺寸线的位置。

四、直径标注

直径标注是使用中心线或圆心标记来标注圆或圆弧的直径。
直径标注的命令启动方式有以下三种：
① 命令：DIMDIAMETER 简写 DDI。
② 菜单：标注→直径。
③ 工具栏：单击标注工具栏中"直径标注"按钮 。

任务七：利用直径标注给图 12-16 所示图形标注尺寸。

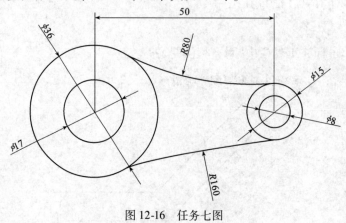

图 12-16　任务七图

命令：DDI。
选取弧或圆：选择要标注的圆或弧。

指定尺寸线位置或［多行文字（M）/文字（T）/角度（A）］：中望CAD会自动测量出圆的直径36，确定尺寸线的位置。依次标注出其他几个圆的直径。

五、半径标注

半径标注是使用中心线或圆心标记来标注圆或圆弧的半径。

半径标注的命令启动方式有以下三种：

① 命令：DIMRADIUS 简写 DIMRAD。

② 菜单：标注→半径。

③ 工具栏：单击标注工具栏中"半径标注"命令按钮 。

任务八：利用半径标注给图12-17所示图形标注尺寸。

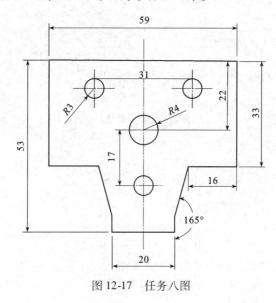

图12-17 任务八图

命令：DIMRAD。

选取弧或圆：选择要标注的圆或弧。

标注注释文字＝3。

指定尺寸线位置或［多行文字（M）/文字（T）/角度（A）］：中望CAD会自动测量出圆的半径3，确定尺寸线的位置。依次标注出其他几个圆的半径。

六、角度标注

角度标注是指用来标注图形中的角度。

角度标注的命令启动方式有以下三种：

① 命令：DIMANGULAR 简写 DAN。

② 菜单：标注→角度。

③ 工具栏:单击标注工具栏中"角度标注"按钮 ▲。

任务九:利用角度标注给图 12-18 所示标注尺寸。

命令:DAN↙

选取圆弧、圆、直线或 < 指定顶点 > //选择圆弧 AB

指定标注弧线位置或[多行文字(M)/文字(T)/角度 (A)]:

//在圆弧 AB 外单击一点

标注注释文字 =86°。

命令:DAN↙

选取圆弧、圆、直线或 < 指定顶点 >:

//选择直线 BG

选择第二条直线:

//选择直线 CF

指定标注弧线位置或[多行文字(M)/文字(T)/角度 (A)]:

//拉出圆弧 GF 外单击一点

标注注释文字 =27°。

命令:DAN↙

选取圆弧、圆、直线或 < 指定顶点 >:↙

指定角的项点: //指定圆心 O

指定角的第一个端点: //指定圆弧第一个端点 H

指定角的第二个端点: //指定圆弧第一个端点 A

指定标注弧线位置或[多行文字(M)/文字(T)/角度(A)]:

//在圆弧 AH 外单击一点

标注注释文字 =27°。

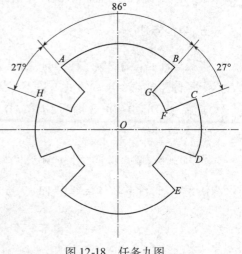

图 12-18　任务九图

七、基线标注

基线标注是以一条尺寸线为基准,产生一系列基于同一条尺寸界线的标注,在创建基线标注之前,必须先对图形进行线性、对齐或角度标注。

① 命令:DIMBASELINE 简写 DIMBASE。

② 菜单:标注→基线。

③ 工具栏:单击标注工具栏中"基线标注"命令按钮 ▣。

任务十:利用基线标注图 12-19 所示标注尺寸。

先利用线性尺寸标注标注第一条直线 GF 的尺寸 4。

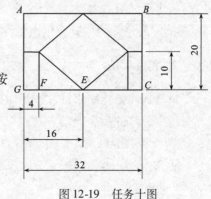

图 12-19　任务十图

命令:DIMBASE↙

选取基准标注:　　　　//单击第一条尺寸界线

指定第二条尺寸界线原点或[放弃(U)/选择(S)]<选择>:

　　　　　　//指定第二条尺寸界线的原点 E

标注注释文字 =16。

指定第二条尺寸界线原点或[放弃(U)/选择(S)]<选择>:

　　　　　　//指定第三条尺寸界线的原点 C

标注注释文字 =32。

任务十一:利用基线标注给图 12-20 所示图形标注尺寸。

先利用角度标注标注第一个角度 *AOB* 的尺寸 13°。

命令:DIMBASE↙

指定第二条尺寸界线原点或[放弃(U)/选择(S)]<选择>:　　　//指定第二条尺寸界线的原点 C

标注注释文字 =45°。

指定第二条尺寸界线原点或[放弃(U)/选择(S)]<选择>:　　　//指定第三条尺寸界线的原点 D

标注注释文字 =90°。

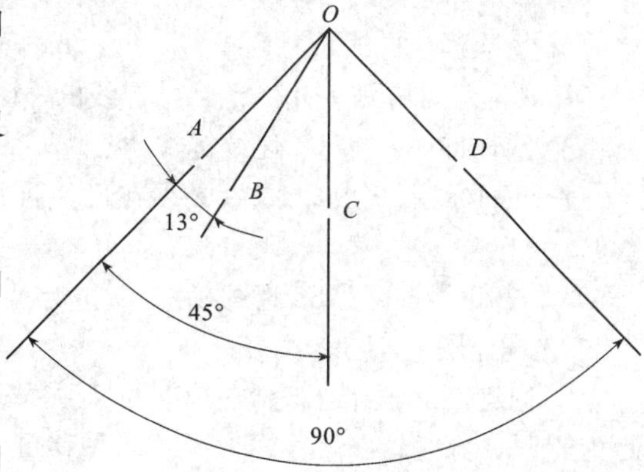

图 12-20　任务十一图

小提示:

在基线标注前,要对图形进行线性、对齐或角度标注,基线标注的两道尺寸线之间的距离为 7~10mm,并应保持一致,创建标注样式时,在"直线"和"箭头"选项卡里,基线间距设为8。

小　　结

通过本模块的学习,用户能够掌握尺寸标注相关规定与组成,熟练设置标注样式和修改标注样式,掌握常用类型的图形尺寸标注。对标注前的准备工作有了初步的了解。通过完成任务一～任务十一强化了尺寸标注的设置方法,能够熟练使用多种标注方法对图形进行尺寸标注。

拓展训练

一、填空题

1. 尺寸标注由_____、_____、_____、_____组成。

2. 尺寸界线超过尺寸线_____ mm,尺寸界线应离开图形_____ mm。

3. 尺寸数字根据其方向注写在靠近尺寸线的_____。

4. 线性标注是用来标注_____和_____的直线。

5. 在创建基线标注之前,必须先对图形进行_____、对齐或_____标注。

二、选择题

1. 设置文字样式的命令(   )。

A. B   B. D   C. A   D. C

2. 尺寸标注中的尺寸线、尺寸界线的线型都是(   )。

A. 粗实线   B. 点画线   C. 细实线   D. 虚线

3. 如果标注样式不能满足当前图形的标注,可以用(   )进行修改。

A. 新建标注样式   B. 修改标注样式

4. 所有尺寸标注公用一条尺寸界线的是(   )。

A. 线性标注   B. 连续标注   C. 基线标注   D. 对齐标注

5. 下列标注命令,(   )必须在已经进行了"线性标注"或"角度标注"的基础之上进行的。

A. 对齐标注   B. 连续标注   C. 直径标注   D. 半径标注

三、操作题

1. 创建一个适合建筑制图标准的标注样式,样式名为"建筑尺寸标注"。尺寸线中基线间距为 8,尺寸界线超出尺寸线为 3,起点偏移量为 2.5,箭头设为建筑标记,大小为 2.5,半径为 2.5,半径标注折弯角度为 2.5,文字高度为 4,尺寸数字从尺寸线偏移 2,尺寸数字标注在尺寸线上方中部不加引线,"主单位"选项卡中的精度设为 0。

2. 标注如图 12-21 所示图形的尺寸。标注的尺寸要求完整、清晰。

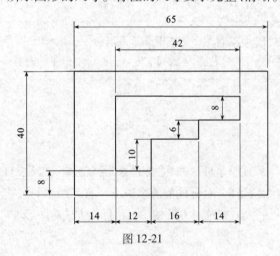

图 12-21

教学目标：

☆ 掌握图块的制作与使用；
☆ 掌握属性的定义与使用；
☆ 掌握外部参照的应用；
☆ 熟悉设计中心的应用。

教学重点：

☆ 掌握图块的制作与使用；
☆ 掌握属性的定义与使用；
☆ 掌握外部参照的应用。

教学难点：

☆ 熟悉设计中心的应用。

模块十三　图块、外部参照和设计中心

本模块主要学习在中望 CAD 中如何建立、插入图块；如何定义、编辑属性以及属性块的制作及插入；如何使用外部参照和设计中心提高图形管理和图形设计的效率。

项目一　图块的制作与使用

一、创建图块

创建图块就是将多个实体组合成一个整体，并将其命名保存。以后根据制图需要，可在不同地方插入一个或多个图块，而无需重新绘制。同时只要修改图块的定义，图形中所有的图块引用体就都会自动更新。如果新定义的图块中包括别的图块，则被称之为嵌套。

创建图块的命令启动方式有：

① 命令：BLOCK 简写 B。

② 菜单：绘图→块→创建。

任务一：将图 13-1 所示脸盆定义为内部块，命名为脸盆，并保留原图。

① 命令行：B，打开如图 13-2 所示对话框。

② 在"名称"文本框中输入"脸盆"，界面转换到绘图窗口中，用户选择脸盆为对象，选择完成后界面又重新转换到"块定义"对话框，

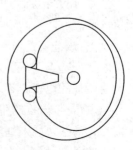

图 13-1　脸盆

用户选中"保留"单选按钮,设置完成后,单击"确定"按钮,完成任务,如图 13-3 所示。

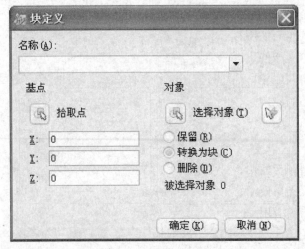

图 13-2　"块定义"对话框

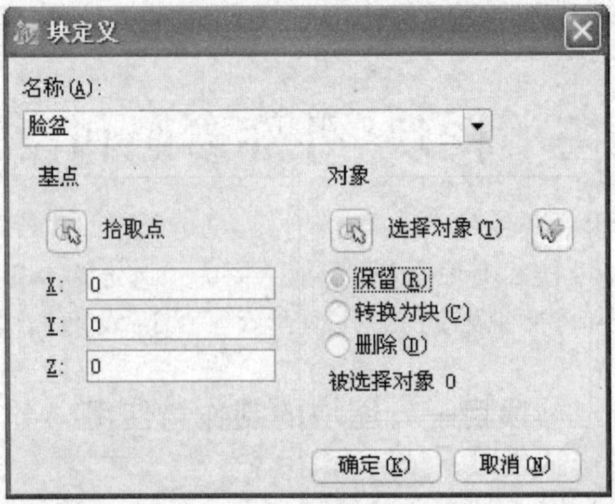

图 13-3　将脸盆定义为内部块

　　下面将"块定义"对话框中的各选项功能介绍如下:

　　名称:此下拉列表框用于输入图块名称,下拉列表中还列出了图形中已经定义过的图块名,在此提醒用户输入的图块名称最多不能超过 255 个字符。

　　预览:用户在选取组成块的对象后,将在"名称"下拉列表框后显示所选择组成块对象的预览图形。

　　基点:该选项组用于指定图块的插入基点。用户可以通过"拾取点"按钮或输入坐标值确定图块插入基点,一般情况下,为了用户作图方便,基点一般都选在块的对称中心、左下角或者其他有特征的位置。

　　拾取点:单击该按钮,"块定义"对话框暂时消失,此时需用户使用鼠标在图形屏幕上拾取所需点作为图块插入基点,拾取基点结束后,返回到"块定义"对话框,X、Y、Z 文本框中将显示该基点的 X、Y、Z 坐标值。

X、Y、Z：在该区域的 X、Y、Z 文本框中分别输入所需基点的相应坐标值，以确定出图块插入基点的位置。

对象：该选项组用于确定图块的组成实体。其中各选项功能如下：

选择对象：单击该按钮，"块定义"对话框暂时消失，此时用户需在图形屏幕上用任一目标选取方式选取块的组成实体，实体选取结束后，系统自动返回对话框。

快速选择：打开"快速选择"对话框，通过过滤条件构造对象。将最终的结果作为所选择的对象。

保留：选中此单选按钮后，所选取的实体生成块后仍保持原状，即在图形中以原来的独立实体形式保留。

转换为块：选中此单选按钮后，所选取的实体生成块后在原图形中也转变成块，即在原图形中所选实体将具有整体性，不能用普通命令对其组成目标进行编辑。

删除：选中此单选按钮后，所选取的实体生成块后将在图形中消失。

小提示：

> 　用 BLOCK 命令定义的图块只能在定义图块的图形中调用，而不能在其他图形中调用，因此用 BLOCK 命令定义的图块被称为内部块。

二、写块

在中望 CAD 中使用 WBLOCD（简写 W）命令，可以将块以文件的形式存储起来，这样方便用户在其他图形中也能使用该块。

任务二：将图 13-4 所示汽车定义为外部块（写块）命名为汽车，并保存到 c：\Program Files\ZWCAD + 2012 CHS\Sample 目录下。

① 命令行：W，执行命令后，打开如图 13-5 所示对话框。

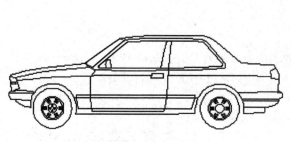

图 13-4　汽车的图形

图 13-5　"写块"对话框

② 在"写块"对话框中，选中"整个图形"单选按钮，并将文件名定义为"汽车"，置于桌面，设置完成后，单击"确定"按钮，如图 13-6 所示。

执行 WBLOCK 命令后，打开"写块"对话框。其主要内容如下：

源:该选项组用于定义写入外部块的源实体。它包括如下内容:

块:该单选按钮指定将内部块写入外部块文件,可在其后的输入框中输入块名,或在下拉列表框中选择需要写入文件的内部图块的名称。

整个图形:该单选按钮指定将整个图形写入外部块文件。该方式生成的外部块的插入基点为坐标原点 (0,0,0)。

对象:该单选按钮将用户选取的实体写入外部块文件。

图 13-6　将汽车定义为外部块

基点:该选项组用于指定图块插入基点,该区域只对源实体为对象时有效。

对象:该选项组用于指定组成外部块的实体,以及生成块后源实体是保留、消除或是转换成图块。该选项组只对源实体为对象时有效。

目标:该选项组用于指定外部块文件的文件名、储存位置以及采用的单位制式。它包括如下的内容:

文件名和路径:用于输入新建外部块的文件名及外部块文件在磁盘上的储存位置和路径。在下拉列表中列出几个路径供用户选择。还可单击右边的 ··· 按钮,弹出"浏览文件夹"对话框,系统提供更多的路径供用户选择。

小提示:

> WBLOCK 命令可以看成是 WRITE 加 BLOCK,也就是写块。WBLOCK 命令可将图形文件中的整个图形、内部块或某些实体写入一个新的图形文件,其他图形文件均可以将它作为块调用。WBLOCK 命令定义的图块是一个独立存在的图形文件,相对于 BLOCK、BMAKE 命令定义的内部块,它被称为外部块。

三、插入图块

使用 INSERT 命令可以在当前图中插入块或其他文件,中望 CAD 将插入的内容看做一个单独的对象,如果用户想对它进行编辑,可以使用 EXPLODE 命令将其分解。

插入块的命令启动方式有以下三种:

① 命令:INSERT/DDINSERT 简写 I。

② 菜单:插入→块。

③ 工具栏:单击绘图工具栏上的 ▦ 按钮。

任务三:用 INSERT 命令在如图 13-7 所示床的立面图中插入一个床的侧面图。

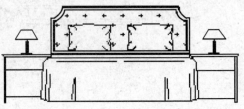

图 13-7　床的立面图

① 命令:I,打开如图 13-8 所示对话框。

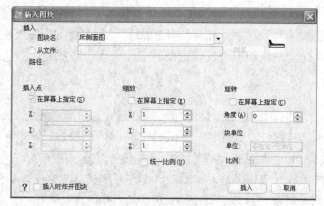

图 13-8　"插入图块"对话框一

② 在"插入图块"对话框中找到内部块"床侧面图"后,单击"插入"按钮,完成命令后,将床放到指定位置,即完成任务,如图 13-9 所示。

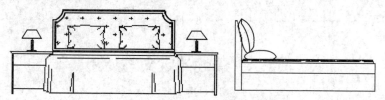

图 13-9　插入床侧面图内部块

下面将"插入图块"对话框中的部分选项功能介绍如下:

图块名:从该下拉列表中选择插入的是内部块。如果没有内部块,则是空白。

从文件:从该项中选择插入的是外部块。选中"从文件"单选按钮,单击"浏览"按钮,打开如图 13-10 所示的"插入图形"对话框,选择要插入的外部图块文件路径及名称,单击"打开"按钮。再回到图 13-8 所示对话框,按命令行提示指定插入点,输入插入比例、块的旋转角度,单击"插入"按钮,完成命令后,将图形放到指定位置即可。

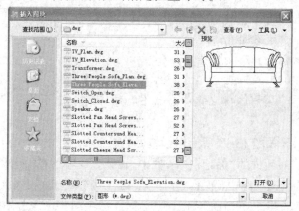

图 13-10　选择插入外部块对话框

插入时炸开图块:该复选框用于指定是否在插入图块时将其炸开,使它恢复到元素的原始状态。当炸开图块时,仅仅是被炸开的图块引用体受影响。图块的原始定义仍保存在图形中,仍能在图形中插入图块的其他副本。如果炸开的图块包括属性,属性会丢失。但原始定义的图块的属性仍保留。炸开图块使图块元素返回到它们的下一级状态。图块中的图块或多段线又变为图块和多段线。

小提示:

① 外部块插入当前图形后,其块定义也同时储存在图形内部,生成同名的内部块,以后可在该图形中随时调用,而无需重新指定外部块文件的路径。

② 外部块文件插入当前图形后,其内包含的所有块定义(外部嵌套块)也同时带入当前图形中,并生成同名的内部块,以后可在该图形中随时调用。

③ 图块在插入时如果选择了插入时炸开图块,插入后图块自动分解成单个的实体,其特性如层、颜色、线型等也将恢复为生成块之前实体具有的特性。

④ 如果插入的是内部块则直接输入块名即可;如果插入的是外部块则需要给出块文件的路径。

项目二 属性的定义与使用

中望 CAD 系统中将图块所含的附加信息称为属性,具体的信息内容称为属性值。属性值可为固定值或变量值。属性可为可见或隐藏,隐藏属性既不显示,也不出图,但该信息储存在图形中,在被提取时写入文件。属性是图块的附属物,它依存于图块,没有图块就没有属性。可以将定义好的属件连同相关图形一起,定义成块(生成带属性的块),在以后的绘图过程中可随时调用它,其调用方式跟一般的图块相同。

一、定义属性

定义属性的命令启动方式有以下三种:

① 命令:ATTDEF/DDATTDEF 简写 ATT。

② 菜单:绘图→块→定义属性。

③ 工具栏:插入→属性→定义属性。

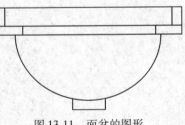

图 13-11 面盆的图形

任务四:请为图 13-11 所示面盆定义产品名称和品牌名称两个属性,属性值为面盆和箭牌,其中产品名称为不可见属性。

① 命令:ATT,打开如图 13-12 所示对话框。

② 在"定义属性"对话框的"标记"文本框中,输入"面盆";在"提示"文本框中,输入"产品名称";在"插入坐标"选项组中,单击"选择"按钮,拾取属性的插入点;在"属性标志位"选项组中,选中"隐藏"和"验证"两个复选框;在"文本"选项组中,"文字样式"选择 Standard,在"文字高度"中指定字体高度,本任务中输入 20,单击"定义"按钮,如图 13-13 所示。此时,并未退出"定义属性"对话框。

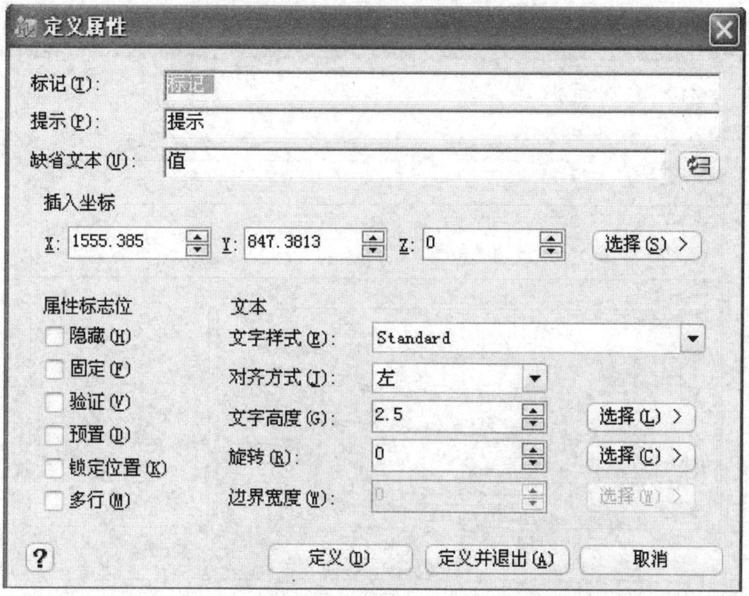

图 13-12　"定义属性"对话框

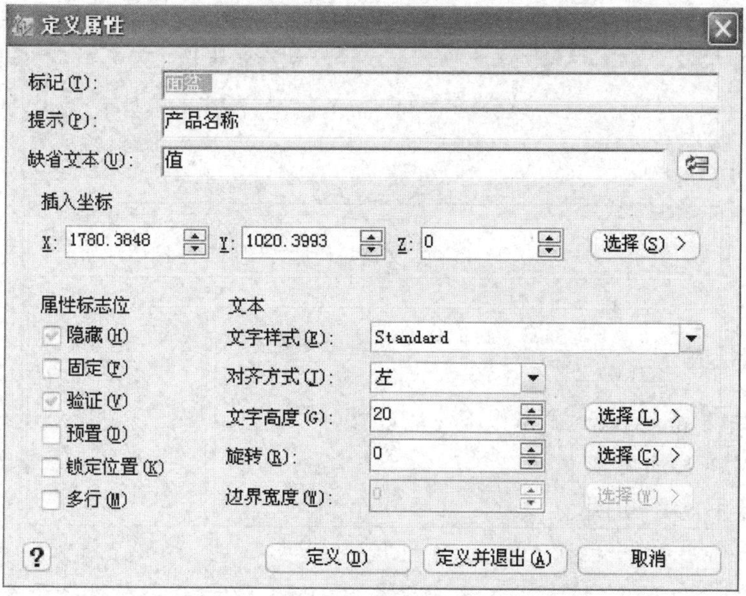

图 13-13　定义属性的操作

③ 在"定义属性"对话框中,重复第 2 步,在"标记"文本框中,输入"箭牌";在"提示"文本框中,输入"品牌名称";在"插入坐标"选项组中,单击"选择"按钮,拾取属性的插入点;在"属性标志位"选项组中,选中"验证"单选按钮;在"文本"选项组中,"文字样式"选择 Standard,单击"文字高度"后面的"选择"按钮,在绘图区域指定字体高度,如图 13-14 所示。单击"定义并退出"按钮完成操作,面盆上出现两个属性,如图 13-15 所示。

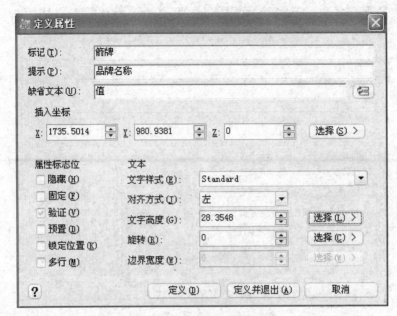

图 13-14　确定属性值字高

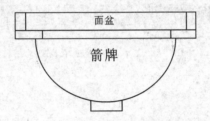

图 13-15　定义避短性后的图形

二、制作属性块

制作属性块的命令启动方式有以下三种：

① 命令：BLOCK 简写 B。

② 菜单：绘图→块→创建。

③ 工具栏：常用→块→创建，插入→块→创建→创建。

任务五：将如图 13-15 所示已定义好产品名称和品牌名称两个属性的面盆定义成一个属性块，块名为 MP。

① 命令行：B，执行命令后，打开如图 13-16 所示对话框。

② 在"块定义"对话框的"名称"下拉列表框中输入块的名称 MP，在绘图区内拾取新块插入点，并选取写块对象，单击"确定"按钮，打开如图 13-17 所示对话框。

③ 在"编辑属性"对话框中，在"品牌名称"文本框中输入"箭牌"，在"产品名称"文本框中输入"面盆"，单击"确定"按钮，如图 13-18 所示。

154

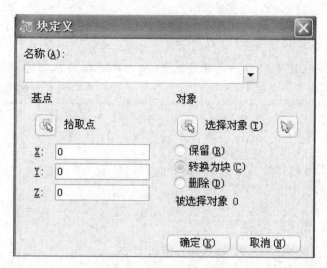

图 13-16 "块定义"对话框

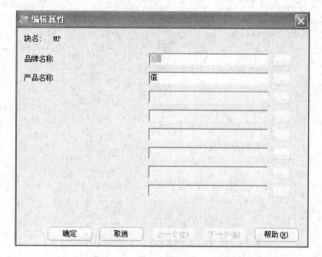

图 13-17 "编辑属性"对话框

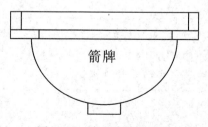

图 13-18 定义为块的图形

小提示：

　　属性在未定义成图块前，其属性标志只是文本文字，可用编辑文本的命令对其进行修改、编辑。只有当属性连同图形被定义成块后，属性才能按用户指定的值插入到图形中。当一个图形符号具有多个属性时，要先将其分别定义好后再将它们一起定义成块。

三、插入属性块

插入属性块的命令启动方式有以下三种：
① 命令：INSERT/DDINSERT 简写 I。
② 菜单：插入→块。
③ 工具栏：插入→块→插入。
任务六：将已定义的属性块 MP 插入到当前图形中。
① 命令行：I，执行命令后，打开如图 13-19 所示对话框。

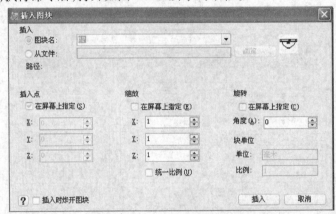

图 13-19　"插入图块"对话框

　　② 在"插入图块"对话框中，选择图块名 MP，在屏幕上指定插入点，单击"插入"按钮。在命令行"品牌名称 < 值 >"中输入"箭牌"，按【Enter】键；在命令行"产品名称 < 值 >"中输入"面盆"，按【Enter】键；命令行中出现"检查属性值"，"品牌名称 < 箭牌 >"，按【Enter】键；"品牌名称 < 面盆 >"，按【Enter】键，完成任务。

小提示：

　　① 属性块的调用命令与普通块是一样的。只是调用属性块时提示要多一些。
　　② 当插入的属性块被 EXPLODE 命令分解后，其属性值将丢失而恢复成属性标志。因此用 EXPLODE 命令对属性块进行分解要特别谨慎。

四、改变属性定义

改变属性定义的命令启动方式有以下两种：
① 命令：DDEDIT/EATTDEIT。

② 菜单:修改→对象→文字→编辑。

任务七:将属性块 MP 中的品牌名称的属性值由"箭牌"改为"法恩莎",并修改其字高为30,字体颜色为红色。

① 命令行:DDEDIT,执行命令后,选择注释对象 MP,打开如图 13-20 所示对话框。

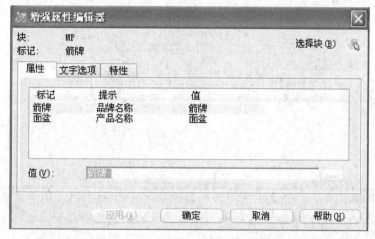

图 13-20 "增强属性编辑器"对话框

② 在"增强属性编辑器"对话框的"属性"选项卡中,将品牌名称的值由"箭牌"修改为"法恩莎";在"文字选项"选项卡中,将"高度"改为30;在"特性"选项卡中,将"颜色"改为红色。单击"确定"按钮完成任务,如图 13-21 所示。

任务八:将图 13-22 已定义了两个属性但尚未定义成块的小汽车中的两个属性分别修改为"马自达"和 MX-5。

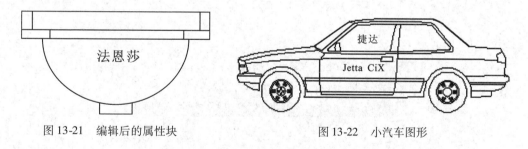

图 13-21 编辑后的属性块   图 13-22 小汽车图形

① 命令行:DDEDIT,执行命令后,系统提示"选择修改对象",拾取"捷达"后,系统将弹出如图 13-23 所示对话框。

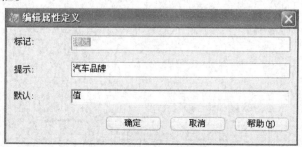

图 13-23 "编辑属性定义"对话框

② 在"编辑属性定义"对话框中,将标记"捷达"改为"马自达",单击"确定"按钮,对话框关闭,完成汽车品牌属性的修改。系统再次重复提示:"选择修改对象",再次拾取 Jetta CiX 后,系统将再次弹出"编辑属性定义"对话框,将标记 Jetta CiX 改为 MX-5,单击"确定"按钮,对话框关闭,完成汽车型号属性的修改。按【Enter】键完成任务,如图 13-24 所示。

图 13-24　修改属性后的小汽车

小提示:

　　① 当用户将属性定义好后,有时可能需要更改属性名、提示内容或缺省文本,这时可用 DDEDIT 命令加以修改。DDEDIT 命令只对未定义成块的或已分解的属性块的属性起编辑作用,对已做成属性块的属性只能修改其值。

　　② 属性不同于块中的文字标注的特点能够明显地看出来,块中的文字是块的主体,当块是一个整体的时候,是不能对其中的文字对象进行单独编辑的。而属性虽然是块的组成部分,但在某种程度上又独立于块,可以单独进行编辑。

五、编辑属性

编辑属性的命令启动方式有以下两种:

① 命令:DDATTE 简写 ATE。

② 命令:ATTEDIT。

任务九:用 DDATTE 命令将属性块 MP 中的品牌名称的属性值由"箭牌"改为"法恩莎"。

① 命令行:ATE,执行命令后,打开如图 13-25 所示对话框。

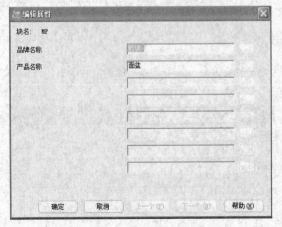

图 13-25　"编辑属性"对话框

② 在"编辑属性"对话框中,将品牌名称属性的属性值由"箭牌"改为"法恩莎",单击"确定"按钮结果任务,结果如图 13-26 所示。

图 13-26 更改了属性值的图形

小提示:

DDATTE 用于修改图形中已插入属性块的属性值。DDATTE 命令不能修改常量属性值。

六、分解属性为文字

分解属性为文字的命令启动方式有以下两种:

① 命令:BURST。

② 菜单:扩展工具→图块工具→分解属性为文字。

任务十:将任务九中的属性块 MP 中的属性值分解为文字(该属性块中有两个属性值,"法恩莎"和"面盆",其中"面盆"是隐性属性值)。

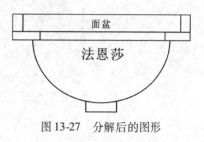

命令:BURST,执行命令后,系统提示"选择对象",选择 MP 并按【Enter】键,结束任务。如图 13-27 所示,其中不可见的属性值也会分解出来,成为可见文字。

图 13-27 分解后的图形

小提示:

BURST 和 EXPLODE 命令的功能相似,但是 EXPLODE 会将属性值分解回属性标签,而 BURST 将之分解回的却仍是文字属性值。

七、导出/导入属性值

导出/导入属性值的命令启动方式有以下两种:

① 命令:ATTOUT/ATTIN。

② 菜单:扩展工具→图块工具→导出属性值/导入属性值。

导出属性值:用来输出属性块的属性值内容到一个文本文件中。它主要用来将资料输出,并在修改后再利用导入属性值功能输入回来。

导入属性值:用来从一个文本文件中将资料输入到属性块。

项目三　外部参照

在中望 CAD 中能够把整个其他图形作为外部参照插入到当前图形中,但只是插入一个链接点,因此链接外部参照并不会增加文件量大小。外部参照帮助减少了文件量,并确保我们总是工作在图形中最新状态。

外部参照的命令启动方式有以下三种:

① 命令:XATTACH。

② 菜单:插入→外部参照。

③ 工具栏:插入→参照→参照附着。

任务十一:将一个计算机中已存在的图形文档作为外部参照插入到新建空白文件中。

① 命令:XATTACH,执行该命令后,打开"选取参照文件"对话框,如图 13-28 所示。

图 13-28　"选取参照文件"对话框

② 在该对话框中选择参照文件后,单击"打开"按钮,将关闭该对话框并打开"外部参照"对话框,如图 13-29 所示。

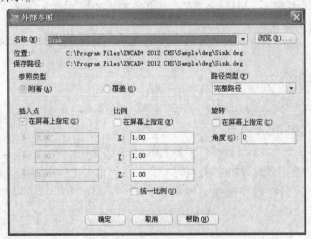

图 13-29　"外部参照"对话框

③ 在"外部参照"对话框中,指定参照类型,设定"插入点"、"比例"和"旋转角"等参数,单击"确定"按钮,完成任务,如图 13-30 所示。

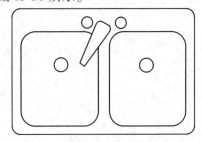

图 13-30　完成插入外部参照 Sink. dwg 图形

小提示:

当把整个文件作为图块插入图形中时,原始图形的任何改变都不会在当前图形中反映。而当链接一个外部参照时,原始图形的任何改变都会在当前图形中反映。当每次打开包含外部参照的文件时,改变会自动更新。如果知道外部参照已修改,可以在画图的任何的时候重新加载外部参照。从分图汇成总图时,外部参照是非常有用的。

任务十二:如图 13-31 所示,图中已存在两个外部参照,请将其中的外部参照 Sink 图形卸载后,再重新载入。

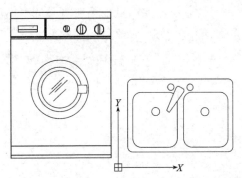

图 13-31　存在两个外部参照 Washer 和 Sink 的图形

① 命令:XREF,执行 XREF 命令后,系统弹出如图 13-32 所示对话框。

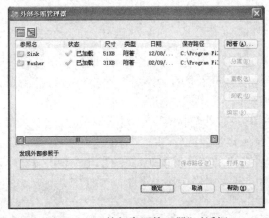

图 13-32　"外部参照管理器"对话框

161

② 在对话框中选择 Sink 外部参照,然后单击"卸载"按钮,并单击"确定"按钮,如图 13-33 所示。

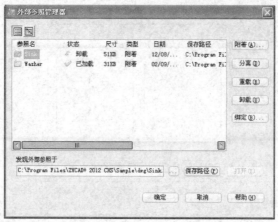

图 13-33　卸载 Sink 外部参照的操作

③ 卸载后,当前图形中将暂时隐藏 Sink 外部参照,如图 13-34 所示。

④ 该外部参照 Sink 虽被卸载,但它仍存在于主图形文件中,需要显示时可重新选择它,然后单击"重载"按钮,并单击"确定"按钮 ,完成任务,如图 13-35 所示。重载后,当前图形中将重新出现隐藏的 Sink 外部参照,恢复到图 13-31 所示状态。

在"外部参照管理器"中可以查看到当前图形中所有外部参照的状态和关系,并且可以在管理器中完成附着、拆离、重载、卸载、绑定、修改路径等操作。

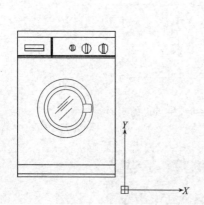

图 13-34　卸载 Sink 外部参照后的图形

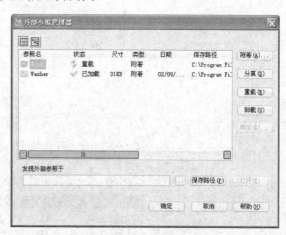

图 13-35　重载 Sink 外部参照的操作

参照名:默认列表名是用参照图形的文件名。选择该名称后就可以重命名。该操作不会改变参照图形本来的文件名。

附着:单击"附着"按钮,将打开"外部参照"对话框,可以增加新的外部参照。

分离:在列表框中选择不再需要的外部参照,然后单击"分离"按钮,删除该外部参照。

重载:在列表框中选择要更新的外部参照,然后单击"重载"按钮,该参照文件的最新版本将被更新读入。被卸载的外部参照仍存在于主图形文件中,需要显示时可以重新选择它,然后单击"重载"按钮。

卸载:在列表框中选择某外部参照,然后单击"卸载"按钮,就可暂时关闭外部参照操作,暂时不在屏幕上显示该外部参照并使它不参与重生成,以便改善系统运行性能。

绑定:选择某外部参照,然后单击"绑定"按钮,打开"绑定外部参照"对话框,永久转换外部参照到当前图形中操作。中望 CAD 提供下列两种绑定类型供选择。

① 绑定:将所选外部参照变成当前图形的一个块,并重新命名它的从属符号,以后就可以和图中其他命名对象一样处理它们。

② 插入:用插入的方法把外部参照固定到当前图形,并且它的从属符号剥去外部参照图形名,变成普通的命名符号加入到当前图中。如果当前图形内部有同名的符号,该从属符号就变为采用内部符号的特性(如颜色等)。因此如果不能确定有无同名的符号时,以选择"绑定"类型为宜。

被绑定的外部参照的图形及与它关联的从属符号(如块、文字样式、尺寸标注样式、层、线型等)都变成了当前图形的一部分,它们不可能再自动更新为新版本。

"发现外部参照于"选项组:通过它,可以改变外部参照文件的路径。操作步骤如下:

① 在列表框中选择外部参照。

② 在"发现外部参照于"文本框中输入包含路径的新文件名。

③ 单击"保存路径"按钮保存路径,以后中望 CAD 就会按此搜索该文件。

④ 单击"确定"按钮结束操作。

另外,也可以单击"浏览"按钮,打开"选取覆盖文件"对话框,从中选择其他路径或文件。

小提示:

> ① 在一个设计项目中,多个设计人员通过外部参照进行并行设计。即将其他设计人员设计的图形放置在本地的图形上,合并多个设计人员的工作,从而整个设计组所做的设计保持同步。
>
> ② 确保显示参照图形最新版本。当打开图形时,系统自动重新装载每个外部参照。

项目四 设计中心

中望 CAD "设计中心"为用户提供一个方便又有效率的工具,它与 Windows 资源管理器相类似。利用设计中心,不仅可以浏览、查找、预览和管理中望 CAD 图形、块、外部参照及光栅图像等不同的资源文件,而且还可以通过简单的拖放操作,将位于本地计算机或"网上邻居"中文件的块、图层、外部参照等内容插入到当前图形。如果打开多个图形文件,在多文件之间也可以通过简单的拖放操作实现图形的插入。所插入的内容除包含图形本身外,还包括图层定义、线型及字体等内容。从而使已有资源得到再利用和共享,提高了图形管理和图形设计的效率。

设计中心的命令启动方式有:

① 命令:ADCENTER。

② 菜单:工具→设计中心。

③ 工具栏:工具→选项板→设计中心。

任务十三:利用设计中心,打开 C:\Program Files\ZWCAD + 2012CHS\Sample\dwg\Car-Plan. dwg 图形文件,并将 C:\Program Files\ZWCAD + 2012CHS\Sample\dwg\Car-Side. dwg 图形插入其中,然后命名为 Car. dwg,另存于 C:\Program Files\ZWCAD + 2012CHS\Sample 目录下。

① 命令行：ADCENTER，执行命令后，打开如图 13-36 所示对话框。

图 13-36 "设计中心"对话框

② 利用设计中心，找到 Car-Plan. dwg 图形文件，右击文件名，选择"在应用程序窗口中打开"命令，打开所选的图形文件，如图 13-37 所示。

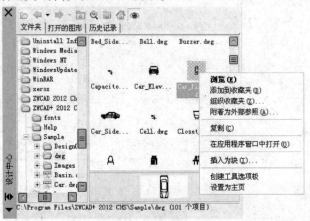

图 13-37 利用设计中心打开文件的操作

③ 利用设计中心，找到 Car-Side. dwg 图形文件，选中该文件，并拖放至已打开的 Car-Plan. dwg 图形文件中的指定位置，在命令行中选择输入缩放比例、旋转角度等参数并回车后，该图形即被插入，如图 13-38 所示。

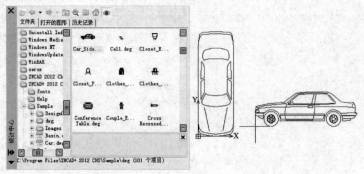

图 13-38 利用设计中心在打开的文件中插入图形的操作

④ 将完成后的图形另存为 C:\Program Files\ZWCAD + 2012 CHS\Sample\Car. dwg,如图 13-39所示。

图 13-39　完成图形操作后,另存盘的操作

小提示:

　　在内容区域中,通过拖动或右击并选择"插入为块",可以在图形中插入块。也可以通过拖动或右击向图形中添加其他内容(例如图层、标注样式)。

小　　结

　　通过本模块的学习,用户能够熟练掌握如何在中望 CAD 中建立、插入图块;如何使用外部参照和设计中心提高图形管理和图形设计的效率。通过完成 6 个任务强化用户对图块、外部参照和设计中心的理解及应用。

拓展训练

一、填空题

1. 中望 CAD 中,可用_____和_____命令来定义块。

2. 如果新定义的图块中包括别的图块,则被称之为_____。

3. 在中望 CAD 中能够把整个其他图形作为_____插入到当前图形中,但只是插入一个链接点。

4. 属性虽然是_____的组成部分,但在某种程度上又独立于_____,_____单独进行编辑。

5. 属性在未定义成图块前,其属性标志只是_____,可用编辑_____的命令对其进行修改、编辑。只有当属性连同图形被定义成块后,属性才能按用户指定的值插入到图形中。

6. 被_____的外部参照仍存在于主图形文件中,需要显示时可以重新选择它,然后单击"重载"按钮即可。

7. 中望 CAD 中,_____帮助减少了文件量,并确保我们总是工作在图形中最新状态。

8. 利用_____,可以浏览、查找、预览和管理中望 CAD 图形、块、外部参照及光栅图像等不同的资源文件,还可以通过简单的_____操作,将其他文件的块、图层、外部参照等内容插入到当前图形。

二、选择题

1. 要使插入的图块具有当前图层的特性,具有当前图层的颜色和线型,则需要在( )层上生成该图块。

A. 非 0   B. 0   C. 当前层

2. 中望 CAD 允许用户将已定义的图块插入到当前图形文件中。在插入图块(或文件)时,用户必须确定四组特征参数,即要插入的图块名、插入点位置、插入比例系数和( )等。

A. 插入图块的旋转角度   B. 插入图块的坐标   C. 插入图块的大小

教学目标：

☆ 理解视点和三维图形的表现方法；
☆ 学习建立用户坐标系,掌握三维实体的观察方法；
☆ 运用基本图元创建三维实体；
☆ 运用拉伸和旋转命令创建三维实体。

教学重点：

☆ 运用基本图元工具创建三维实体；
☆ 运用拉伸和旋转命令绘制三维图形。

教学难点：

☆ 熟练使用用户坐标系。

模块十四　绘制三维图形

通过前面的学习大家了解了二维绘图是在平面坐标内就可以绘制完成的,而三维图形则是以其各平面为空间结构,其制作过程中平面坐标是不断变换的,所以我们要学会设定 UCS 用户坐标系,这样就能轻易地找到我们绘图需要的各个基准平面,作出需要的二维图形,使之形成面域,然后通过三维操作形成实体结构。

三维绘图运用的命令都在"绘图"→"实体"和"视图"菜单中。

创建和观察三维图形首先必须了解三维绘图的基础知识,才能树立正确的空间观念。

项目一　了解三维绘图的基本术语

在绘制三维图形时,还可使用柱坐标和球坐标来定义点。在创建三维实体模型前,应先了解下面的一些基本术语。

XY 平面:它是 X 轴垂直于 Y 轴组成的一个平面,此时 Z 轴的坐标是 0。

Z 轴:Z 轴是一个三维坐标系的第三轴,它总是垂直于 XY 平面。

高度:高度主要是 Z 轴上的坐标值。

厚度:主要是 Z 轴的长度。

相机位置:在观察三维模型时,相机的位置相当于视点。

目标点:当用户眼睛通过照相机看某物体时,用户聚焦在一个清晰点上,该点就是所谓的目标点。

视线:假想的线,它是将视点和目标点连接起来的线。

和 XY 平面的夹角:即视线与其在 XY 平面的投影线之间的夹角。

XY 平面角度:即视线在 XY 平面的投影线与 X 轴之间的夹角

项目二　三维绘图使用的坐标系

一、世界坐标系

世界坐标系：中望 CAD 中世界坐标系是固定坐标系。

二、用户坐标系

可移动的用户坐标系对于输入坐标、建立绘图平面和设置视图非常有用。改变 UCS 并不改变视点。只会改变坐标系的方向和倾斜度。

WCS 和 UCS 常常是重合的，即它们的轴和原点完全重叠在一起。无论如何重新定向 UCS，都可以通过使用 UCS 命令的"世界"选项使其与 WCS 重合。

小提示：

中望 CAD 中的 X、Y、Z 三个点的值都为 0 时，那么这个坐标系就落在某个房子里的墙角。这个墙角是由三个墙面构成，你在这个房子里放的任何东西，都以这个坐标系来参照。

项目三　视点、坐标、视觉样式和三维动态观察器

视点是指观察图形的基础位置。绘制二维图形时的所有操作都是正对着 X、Y 平面，三维造型有时需要观察模型的左边，有时需要观察模型的前面。多数情况是需要同时观察到三个面。中望 CAD 提供了从三维空间的任何方向设置视点的命令。

一、使用 VPOINT 命令确定视点

命令行输入 VPOINT 后直接按【Enter】键会打开图 14-1 所示对话框，用户可以通过对话框的内容设置视点的位置。

二、使用视图管理器菜单设置视点

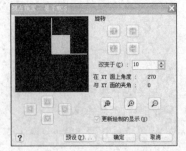

图 14-1　设置视点对话框

视图工具栏中的 10 个常用的视角分别是俯视、仰视、左视、右视、前视、后视、西南等轴测、东南等轴测、东北等到轴测、西北等轴测。用户在变化视角观察和绘制图形时使用这10 个设置好的视角会方便操作和节省时间。

可以从多个方向来观察图形，以了解图形的全貌。打开一个三维图形，找到"视图"→"视口"→"四个视口"，激活左上视口选择主视图，左下视口选择俯视图、右上视口选择左视图，右下视口不变，显示三维透视图，如图 14-2 所示。

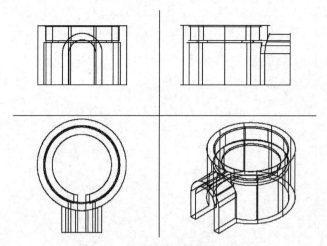

图 14-2　用不同视点观看三维图形

三、用多种方法变换 UCS 坐标

在绘制三维图形时设置用户坐标系尤其重要,学习设置准确的用户坐标系是绘制好三维图形的关键。因为我们必须在 X、Y 平面上绘制图形,绘图时要根据绘制图形的要求不断设置和变更用户坐标系,就是要重新确定坐标系新的原点和新的 X 轴、Y 轴、Z 轴方向。用户可以按照需要定义、保存和恢复任意多个用户坐标系。

原点 UCS 的含义:通过定位新原点,可以使坐标输入与图形中的特定区域或对象相关联。例如,可以将原点重新定位在某一建筑的角点上,或者将其作为地图上的参考点。如果创建了三维长方体,则可以通过编辑时将 UCS 与要编辑的每一条边对齐来轻松地编辑六条边中的每一条边。

为长方体定义一个新的坐标原点和坐标系。图 14-3(a)所示为世界坐标系,A 面与 X、Y 平面平行,通过变换 UCS 坐标使 B 面与 X、Y 平面平行。

用四种方法来变换坐标:

① 使用面 UCS 变换坐标,如图 14-3(b)所示。

命令行输入:UCS 或者菜单输入:视图→坐标→面 UCS,命令行提示:

当前 UCS 名称:＊俯视＊
指定 UCS 的原点或[面(F)/命名(N)/对象(OB)/上一个(P)/视图(V)/世界(W)/3点(3)/X/Y/Z/Z 轴(ZA)]＜世界＞:F↙
选择实体对象的面:点选 B 面
输入选项[下一个(N)/X 轴反向(X)/Y 轴反向(Y)]＜接受＞:↙

② 使用三点变换坐标,如图 14-3(c)所示。

命令行输入:UCS 或者菜单输入:视图→坐标→三点, 命令行提示:

当前 UCS 名称:＊俯视＊
指定 UCS 的原点或[面(F)/命名(N)/对象(OB)/上一个(P)/视图(V)/世界(W)/3点(3)/X/Y/Z/Z 轴(ZA)]＜世界＞:3↙
指定新原点＜0,0,0＞:指定 b 点

在正 X 轴范围上指定点 <1.0000,0.0000,0.0000 >:指定 c 点

在 UCS XY 平面的正 Y 轴范围上指定点 <0.0000,1.0000,0.0000 >:a

③ 使用旋转 UCS 变换坐标。

命令行输入：UCS 或者菜单输入:视图—坐标—旋转 UCS,命令行提示：

当前 UCS 名称： * 俯视* 指定 UCS 的原点或［面 (F)/命名 (N)/对象 (OB)/上一个 (P)/视图 (V)/世界 (W)/3 点 (3)/X/Y/Z/Z 轴 (ZA)］<世界 >：X ↙

指定绕 X 轴的旋转角度 <90 >：↙

④ 使用对象 UCS 变换坐标,如图 14-3(d)所示。

命令行输入：UCS 或者菜单输入:视图→坐标→对象 UCS,命令行提示：

当前 UCS 名称： * 没有名称*

指定 UCS 的原点或［面 (F)/命名 (N)/对象 (OB)/上一个 (P)/视图 (V)/世界 (W)/3 点 (3)/X/Y/Z/Z 轴 (ZA)］<世界 >：OB ↙

选择对齐 UCS 的对象:选择 e 边

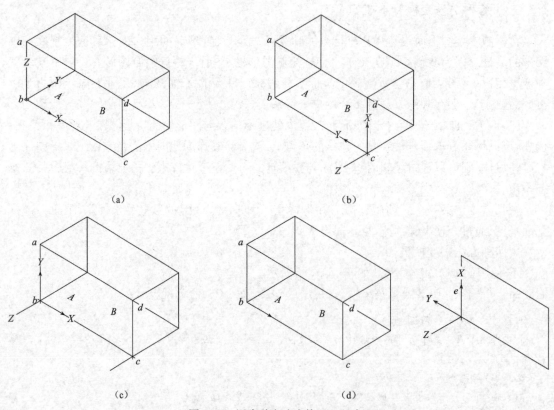

(a)   (b)

(c)   (d)

图 14-3 用多种方法变换 UCS 坐标

(a)X、Y 平面与 A 面平行;(b)使用面 UCS 变换坐标;(c)使用三点变换坐标;(d)使用对象 UCS 变换坐标

以上是四种变换坐标系的方法,下面介绍一下退出 UCS 用户坐标系的方法：

如果需要还原为原坐标系,可以使用 UCS 工具栏中的上一个 UCS 命令还原为原坐标系,也可以使用世界 UCS 直接回到绘图前系统默认的坐标系状态。

小提示:

　　当运用世界坐标系时,因为 B 面是前视图,所以也可先选前视图,再选东南等轴测,达到 B 面与 X、Y 平面平行。

　　任务一:为三维对象选择视觉样式。

① 命令:SHADEMODE。

② 输入选项[二维线框(2D)/三维线框(3D)/消隐(H)/平面着色(F)/体着色(G)/带边框平面着色(L)/带边框体着色(O)]<消隐>:选择视觉样式后按【Enter】键结束命令。

图 14-4 所示为四个视觉样式分别是三维线框、消隐、带边框平面着色和体着色。我们在观察绘制的实体模型时常使用的观察模式有消隐和着色。

图 14-4　视觉样式

小提示:

　　视图是用来观察图形的,是视点的所在位置。坐标点是用来方便绘制图形的。视觉样式用来表现的对象必须是实体或网格,线框不能使用视觉样式表现。

　　任务二:运用动态观察工具观看如图 14-5 所示三维图形。

　　在绘制与编辑三维图形时,经常需要从不同角度、不同方位全面细致地观察对象。使用动态观察工具可以很方便直观地观察对象。

　　动态观察的命令启动方式有:

① 命令:3DORBIT。

② 菜单:视图→定位→动态观察。

可同时从 X、Y、Z 三个方向动态观察对象。

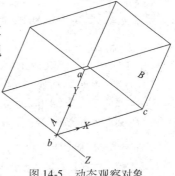

图 14-5　动态观察对象

小提示:

　　使用动态观察命令,看起来好像三维模型正在随着鼠标光标的拖动而旋转,实际上是视图的目标静止,而视点在移动。

项目四　用图元工具创建三维实体

　　实体菜单中的图元工具栏提供了六种直接快速的创建三维实体的命令,它们分别是:长方体、圆柱体、球体、楔体、圆锥体和圆环体,如图 14-6 所示。

　　使用东南等轴测视图绘制如下图形:

任务三:创建边长为 10 的立方体,如图 14-7 所示。

图 14-6　图元工具栏

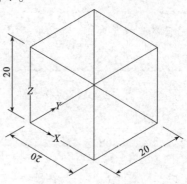

图 14-7　绘制长方体

命令:BOX ✓
指定长方体的角点或 [中心点(CE)] <0,0,0>:✓
指定角点或 [立方体(C)/长度(L)]:C ✓
指定长度:20 ✓

小提示:

　　创建实体时要进行坐标值的输入,若输入的长度值或坐标值为正值,则以当前 UCS 坐标的 X、Y、Z 轴的正向建立图形;若为负值,则以 X、Y、Z 轴的负向建立图形。尖括号内的值是上次创建实体时输入的数值。

任务四:创建半径为 10,高度为 20 的圆柱体,如图 14-8 所示。

命令:CYLINDER ✓
当前线框密度:ISOLINES = 4
指定圆柱体底面的中心点或 [椭圆(E)] <0,0,0>:✓
指定圆柱体底面的半径或 [直径(D)]:10 ✓
指定圆柱体高度或 [另一个圆心(C)]:20 ✓

创建圆柱体需要先在 XY 平面中绘制出圆或椭圆,然后给出高度或另一个圆心。

任务五:创建半径为 10 的球体如图 14-9 所示。

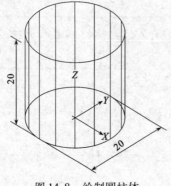

图 14-8　绘制圆柱体

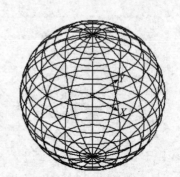

图 14-9　绘制球体

命令:SPHERE↙
当前线框密度:ISOLINES=4
指定球体球心 <0,0,0>:↙
指定球体半径或[直径(D)]:10↙

小提示:

系统变量 ISOLINES 可控制球体的线框密度,它只决定球体的显示效果,并不影响球体表面的平滑度。CAD 中保存的是一个真正几何意义上的球体,并非网格线段。

任务六:创建长20宽10、高30的楔体,如图14-10所示。

命令:WEDGE↙
指定楔体的第一个角点或[中心点(CE)] <0,0,0>:↙
指定角点或[立方体(C)/长度(L)]:L↙
指定长度:20↙
指定宽度:10↙
指定高度:30↙

创建楔体命令和创建长方体命令操作方法类似,只是创建出来的对象不同。

任务七:创建锥底半径10、高20的圆锥体,如图14-11所示。

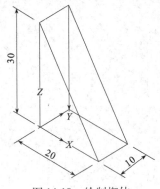

图 14-10 绘制楔体

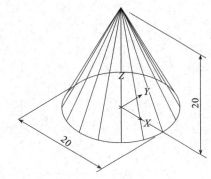

图 14-11 绘制圆锥体

命令:CONE↙
指定圆锥体底面的中心点或[椭圆(E)] <0,0,0>:↙
指定圆锥体底面半径或[直径(D)]:10↙
指定圆锥体高度或[顶点(A)]:20↙

创建圆锥体命令和创建圆柱体命令操作方法类似,只是创建出来的对象不同。

任务八:创建半径20圆管、半径5的圆环体,如图14-12所示。

命令:TORUS↙
圆环体中心:<0,0,0>↙
指定圆环体的半径或[直径(D)]:20↙
指定圆管的半径或[直径(D)]:5↙

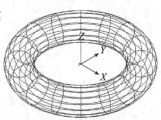

图 14-12 绘制圆环体

创建圆环体首先需要指定整个圆环的尺寸,然后再指定圆管的尺寸。

项目五　通过二维图形创建三维实体

中望 CAD 除了可以通过实体绘制命令绘制三维实体外,还可以通过拉伸、旋转二维对象创建出形状复杂的三维实体模型,是三维实体建模中一个非常有效的手段,如图 14-13 所示。

任务九:运用拉伸命令绘制图形。

在 CAD 中可以通过拉伸选定的闭合对象创建实体。

拉伸的命令启动方式有:

① 命令:EXTRUDE 简写 EXT。

② 菜单:实体→实体→拉伸。

选择对象后可以指定高度或按指定路径和倾斜角度进行拉伸。路径必须与拉伸面垂直。

目标:参考图 14-14(a)绘制图 14-14(b)所示图形。

分析:图 14-14(a)可在二维视图中完成,然后切换成西南等轴测视图。拉伸前需对二维图形做面域。

图 14-13　实体工具栏

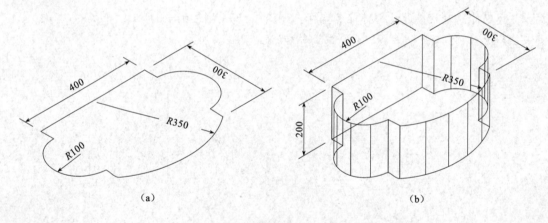

(a)　　　　　　　　　　　　　　(b)

图 14-14

(a)拉伸前的二维草图;(b)拉伸后的三维图形

步骤:

命令:REG↙

选择对象:指定对角点:找到 6 个

选择对象:↙

1 循环 提取

1 面域 创建

命令:EXT↙

当前线框密度:ISOLINES = 4

选择对象:指定对角点:找到 1 个

选择对象:↙

指定拉伸高度或 [路径(P)]:200↙

指定拉伸的倾斜角度 <0 >:↙

小提示:

　可拉伸闭合的对象有多段线、多边形、矩形、圆、椭圆、闭合的样条曲线、圆环和面域。拉伸前必须对二维图形进行面域,拉伸对象被称为截面。

任务十:运用旋转命令绘制图形

在中望 CAD 中可以将二维对象绕某一轴旋转生成实体。

旋转的命令启动方式有:

① 命令:EXVOLVE 简写 REV。

② 菜单:实体→实体→旋转。

目标:参考图 14-15(a)绘制图 14-15(b)所示图形。

分析:图 14-15(a)可在二维视图中完成,然后切换成西南等轴测视图。旋转前需对二维图形做面域。

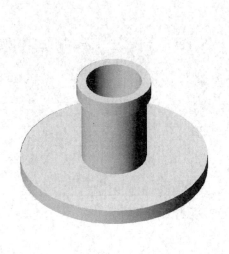

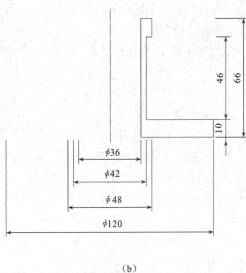

(a)　　　　　　　　　　　　　　　　　　　　(b)

图 14-15　还用旋转命令绘制图形

(a)旋转后的三维图形;(b)旋转前的二维图形

步骤:

命令:REV✓

选择对象:指定对角点:找到 1 个

选择对象:指定旋转轴的起点或定义轴通过[对象(O)/X 轴(X)/Y 轴(Y)]:点选距离内径 18 处一点✓

指定轴的端点:沿 18 垂直线上点选另一点

指定旋转角度 <360>:✓

小提示:

　旋转截面不能横跨旋转轴两侧。每次只能旋转一个对象。若创建三维曲面,用于旋转的二维对象是不封闭的。

小　　结

通过本模块的学习,用户主要掌握了三维坐标系的使用、三维视图等方面的内容,通过完成 7 个任务,强化了对三维实体的绘制,包括通过二维图形绘制三维实体的知识,学完本模块之后,用户能够制作出简单的三维图纸。

拓展训练

一、填空题

1. 在中望 CAD 中,有四种方法变化 UCS 坐标,分别为 _____、_____、_____、_____。

2. 运用动态观察工具观看三维图形的命令是:_____。

二、选择题

视觉样式分别是三维线框、消隐、带边框平面着色和体着色,下面(　　)是绘制的实体模型时常使用的观察模式。

A. 三维线框　　　　　B. 消隐　　　　C. 着色

三、操作题

1. 绘制一个长、宽和高分别为 80mm、200mm 和 40mm 的长方体。

2. 绘制一个长、宽和高分别为 500mm 的楔体。

3. 绘制一个半径为 200mm、线框密度为 16 的球体。

4. 绘制一个底面长轴半径 80mm、短轴半径 200 mm、高度 400mm 的椭圆柱体。

5. 绘制一个底面长轴半径 200mm、顶面半径 50mm、高度 400mm 的圆锥体。

6. 用旋转命令绘制图 14-16 和图 14-17 所示图形。

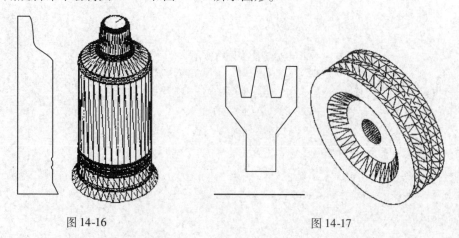

图 14-16　　　　　　　　　　　　　　　　　　　　图 14-17

教学目标：

☆ 通过认识实体编辑菜单了解三维图形编辑的方法；
☆ 用布尔运算编辑三维图形；
☆ 使用实体编辑工具栏编辑三维实体；
☆ 使用三维旋转、阵列、镜像等命令编辑三维对象；
☆ 制作完成简单的三维模型。

教学重点：

☆ 三维实体图形编辑与修改的基本操作；
☆ 三维图形的旋转、阵列、镜像。

教学难点：

☆ 运用所学命令进行实体造型。

模块十五　编辑三维图形

在中望 CAD 中，用户可以使用三维编辑命令在三维空间对对象进行复制、镜像、删除和移动等操作，也可以进行布尔运算，还可以剖切实体，获取实体的截面，也可以编辑它们的体、面或边以及三维操作。

项目一　了解三维实体编辑的菜单

实体菜单下的布尔运算、实体编辑、三维操作、曲面、网格和动态观察工具栏都用于对三维实体的编辑，如图 15-1 所示。

图 15-1　三维实体编辑工具栏

项目二　运用布尔运算编辑制作模型

用户可以通过创建长方体、圆锥体、圆柱体、球体、楔体和圆环体实体模型来创建三维对象。然后对这些形状进行合并，找出它们差集或交集（重叠）部分，结合起来生成更为复杂的实体。

实体菜单的布尔操作命令可以实现实体间的并、差、交运算，如图 15-2 所示。

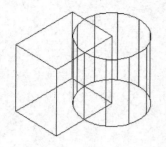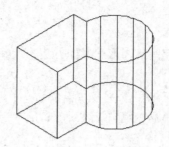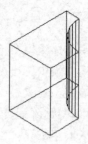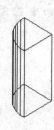

图 15-2 布尔运算的并集、差集和交集三种形式

一、并集

能把实体组合起来,创建新的实体。将要合并的实体对象全部选择上,按【Enter】键即可。并集的命令启动方式有:

① 命令:UNION 简写 UNI。

② 菜单:实体→布尔运算→并集。

二、差集

从实体中减去另外的实体,从而创建新的实体。先选择需要保留的部分按【Enter】键即可,再选择要删除的实体或面域,选择后按【Enter】键即可。

差集的命令启动方式有:

① 命令:SUBTRACT 简写 SU。

② 菜单:实体→布尔运算→差集。

三、交集

将实体的公共相交部分创建为新的实体。操作方法与并集相同,将要求交集的实体对象全部选择上按【Enter】键即可。

交集的命令启动方式有:

① 命令:INTERSECT 简写 IN。

② 菜单:实体→布尔运算→交集。

任务一:绘制小方桌。

目标:参考图 15-3、图 15-4 绘制图 15-5 所示图形。

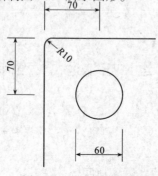

图 15-3 小方桌参考图

178

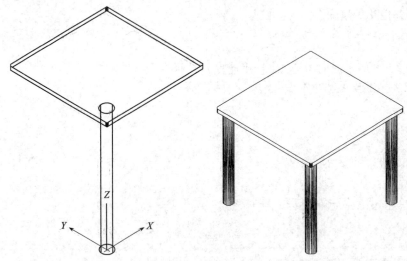

图 15-4　倒角完成后的桌面　　　图 15-5　并集和消隐后的小方桌

分析:本图例使用实体直接生成构件,对两部分做并集运算完成图形。

首先利用圆柱体命令绘制一条桌腿,再利用长方体命令绘制桌面,并对其进行倒圆角编辑,通过环形阵列命令绘制其他几条桌腿,最后对两部分做并集操作。

步骤:

① 单击"视图"→"坐标"→在原点上显示 UCS 图标,单击视图工具栏中的西南等轴测视图。

② 绘制半径 30,高 480 的圆柱体作为桌腿。

命令:CYLINDER↙
指定圆柱体底面的中心点或[椭圆(E)]<0,0,0>:↙
指定圆柱体底面的半径或[直径(D)]:30↙
指定圆柱体高度或[另一个圆心(C)]:480↙

③ 绘制长 600、宽 600、高 20 的长方体作为桌面并倒圆角,如图 15-4 所示。

命令:BOX↙
指定长方体的角点或[中心点(CE)]<0,0,0>:-70,-70,480↙
指定角点或[立方体(C)/长度(L)]:L↙
指定长度:600↙
指定宽度:600↙
指定高度:20↙
命令:F↙
选择第一个对象或[多段线(P)/半径(R)/修剪(T)/多个(U)]:R↙
指定圆角半径<0.000>:10↙
选择第一个对象或[多段线(P)/半径(R)/修剪(T)/多个(U)]:选垂直面上一条边
输入圆角半径<10.0000>:↙
选择边或[链(C)/半径(R)]:选择第二条边
选择边或[链(C)/半径(R)]:选择第三条边
选择边或[链(C)/半径(R)]:选择第四条边↙

④ 绘制其他几条桌腿。

命令：AR ↙

中心点选正方形桌面的中心点（利用捕捉），选择对象为圆柱体。

⑤ 对所有对象做并集操作。

命令：UNI ↙

选择对象：选择所有对象↙

⑥ 消隐如图 15-5 所示。

命令行输入：HIDE 简写 HI。

或者菜单输入：视图→视觉样式→消隐。

小提示：

此图形绘制只使用西南等轴测视图，确定中心点时使用输入坐标值的方法。这样利于由浅入深逐渐认识视图。

任务二：创建三维机械实体模型综合实例。

目标：参考图 15-6 绘制图 15-10 所示图形。

分析：本图形由底板、立板、肋板三部分组成，分别绘制后做并集运算。

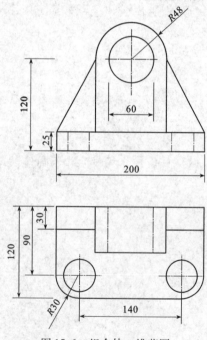

图 15-6　组合体二维草图

步骤：

① 设置图层和视图。

图层：点画线层、截面层、实体层。

视图：西南等轴测。

② 绘制长 200、宽 120、高 25 的长方体并倒圆角 30，在长方体的底面绘制半径 30 的圆，并拉伸其高度为 25 的底板实体，将底板与圆做差集运算。

a. 用实体线层画出长方体。

命令：BOX↙

指定长方体的角点或［中心点(CE)］＜0,0,0＞:↙指定角点或［立方体(C)/长度(L)］：L↙

指定长度：200↙

指定宽度：120↙

指定高度：25↙

命令：F↙

当前设置：模式 = 修剪,半径 = 0

选择第一个对象或［多段线(P)/半径(R)/修剪(T)/多个(U)］：R↙

指定圆角半径 ＜0＞：30↙

选择第一个对象或［多段线(P)/半径(R)/修剪(T)/多个(U)］：选圆角第一条边

输入圆角半径 ＜30＞:↙

选择边或［链(C)/半径(R)］：选圆角第二条边↙

b. 用点画线层画出参考线，得到两个小圆圆心。

c. 用截面层画出圆并拉伸。

命令：C↙

指定圆的圆心或［三点(3P)/两点(2P)/切点、切点、半径(T)］：30,30,0↙

指定圆的半径或［直径(D)］＜0＞：22↙

命令：EXT↙

选择对象:选择圆

指定拉伸高度或［路径(P)］：25↙

指定拉伸的倾斜角度 ＜0＞:↙

d. 用布尔运算做差集运算如图 15-7 所示。

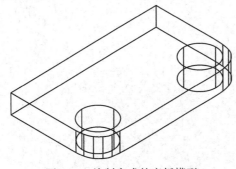

图 15-7　绘制完成的底板模型

命令：UNI↙

选择对象:选择底板↙

选择对象:选圆↙

③ 绘制出立板的后截面及直径为 60 的圆，修剪后拉伸厚度 60，并做差集运算。用实体层绘立板、截面层绘圆如图 15-8 所示。

旋转 UCS 使 X、Y 平面与所画立面平行,Z 轴与底板平行。

步骤与绘制底板相同,可独立完成故省略。

④ 绘制肋板的后截面拉伸 30,如图 15-9 所示。

步骤与绘制立板相同,可独立完成故省略。

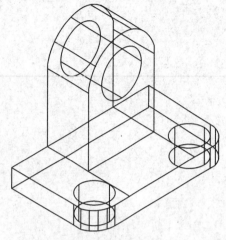
图 15-8　绘制完成的立板模型

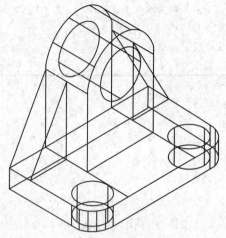
图 15-9　绘制完成的肋板模型

⑤ 对所有物体并集运算,如图 15-10 所示。

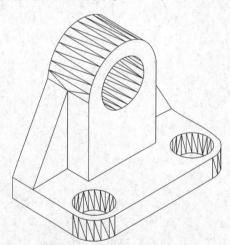
图 15-10　并集完成的三维模型

任务三:创建三维建筑实体模型。

目标:参考图 15-11、图 15-12 绘制图 15-19 所示图形。

分析:本模型是将绘制好的二维住宅平面图拉伸为三维实体。模型由地面、墙身和檐口屋顶三部分组成,主要使用拉伸法及并集与差集运算完成。

墙体厚 240,地面和台阶高均为 150。下檐口标高 3400,上檐口标高 3520,前后左右伸出外墙体各 500,单位均为 mm。

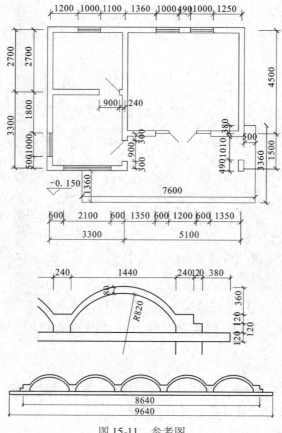

图 15-11　参考图

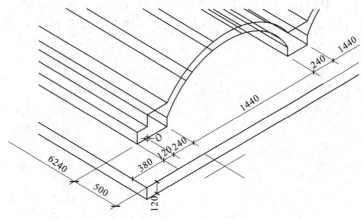

图 15-12　檐口和屋顶细部尺寸

步骤：

（1）绘制平面图

根据参考图画出住宅平面图，建立模型图层用来创建三维模型。切换到西南等轴测视图，显示墙体和模型图层，关闭其他图层，如图 15-13 所示。

（2）创建地面

打开模型图层,用多段线命令绘制出封闭的外墙线,形成面域并拉伸高度为150,创建出地面,如图15-14所示。

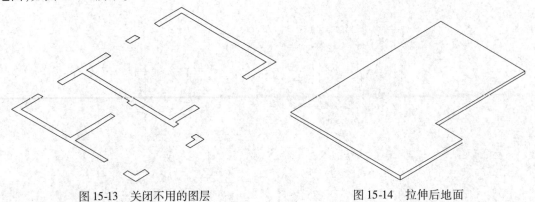

图15-13　关闭不用的图层　　　　　　　　图15-14　拉伸后地面

（3）创建墙体模型

使用边界命令弹出对话框,单击"拾取点"按钮,拾取每一段墙线内的位置创建出墙线的多段线截面,拉伸高度为3400,创建出墙体。运用视觉样式中的消隐查看绘制效果,如图15-15所示。

（4）在墙体模型上开门洞

切换为二维线框。用矩形命令绘出门的拉伸截面,形成面域并移动到2500处,拉伸高度为900,创建出门楣运用视觉样式中的消隐查看绘制效果。

（5）在墙体模型上开窗洞

切换为二维线框。用矩形命令绘制出窗的拉伸截面,形成面域,复制出一个窗截面到墙顶部用来做窗楣。将下面的窗截面向上拉伸1000作为窗台,将上面的窗截面向下拉伸600作为窗楣,由此形成2400×1800的窗洞。运用视觉样式中的消隐查看绘制效果,如图15-16所示。

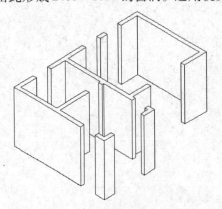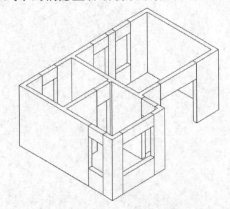

图15-15　墙体建筑模型　　　　　　　　图15-16　开设门窗洞口的建筑模型

（6）生成台阶和柱子

打开台阶和柱子图层将台阶形成面域,向上拉伸150。柱子形成面域向上移动150到台阶表面,向上拉伸3400,创建出台阶和柱子模型。运用视觉样式中的消隐查看绘制效果,如图15-17所示。

184

（7）绘制屋顶檐口

参考细部尺寸绘制挑檐的截面图形,然后沿挑檐分布的屋顶位置用多段线绘制檐口的截面,再运用拉伸命令生成完整的挑檐模型,如图 15-18 所示。

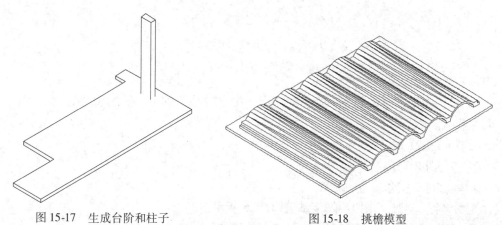

图 15-17　生成台阶和柱子　　　　　　　　　　图 15-18　挑檐模型

（8）将以上部分搭建好做并集运算（图 15-19）

将图 15-12 中的 O 点与墙角对齐,使用消隐样式和动态观察工具检查是否准确。

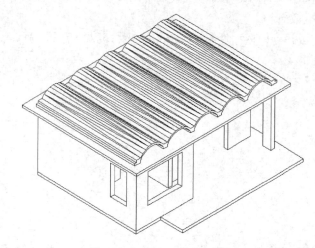

图 15-19　完成后的建筑模型

小提示:

绘制挑檐和制作拉伸时,为方便绘画可在前视和西南等轴测之间变换。

项目三　运用实体编辑相关命令编辑复杂对象

实体编辑工具栏主要有体的操作（抽壳、分割、剖切、压印、检查和清除）、面的操作、边的操作和轮廓,如图 15-20 所示。

图 15-20　实体编辑工具栏

任务四：用抽壳法绘制音乐盒。

抽壳法是以指定的厚度创建一个空的薄层。抽壳时输入的偏移距离值为正，则从外开始抽壳，若为负则从内开始抽壳。

抽壳的命令启动方式有：

① 命令：SOLIDEDIT。

② 菜单：实体→实体编辑→抽壳。

目标：参考图 15-21 ~ 图 15-25 绘制图 15-26 所示图形。

分析：本图由盒身和盒盖两部分组成，主要使用拉伸法和抽壳法。

步骤：

① 当前坐标显示的是二维平面，画出盒底的平面投影如图 15-21 所示。此步骤可独立完成故省略。

② 对图形进行面域并拉伸该面域高度为 200，如图 15-22 所示。

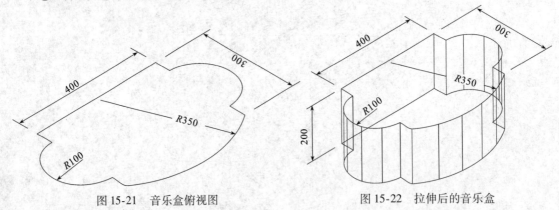

图 15-21　音乐盒俯视图　　　　　　　图 15-22　拉伸后的音乐盒

命令：REG ↙

选择对象：选择盒底↙

命令：EXT ↙

选择对象：选择盒底↙

指定拉伸高度或 [路径(P)]：200 ↙

指定拉伸的倾斜角度 <0 >：↙

③ 抽壳壁厚 10，成为中空的盒子如图 15-23 所示。

变换视图为西南等轴测。

命令：SOLIDEDIT ↙

选择三维实体：点选实体

删除面或［放弃(U)/添加(A)/全部(ALL)］:选要删除的面↙

输入外偏移距离:10↙

输入体编辑选项［压印(I)/分割实体(P)/抽壳(S)/清除(L)/检查(C)/放弃(U)/退出(X)］

＜退出＞:↙

输入实体编辑选项［面(F)/边(E)/体(B)/放弃(U)/退出(X)］＜退出＞:↙

④ 旋转盒盖成45°夹角,移动到盒面上使左上角点与 O 点对齐,并形成面域,如图 15-24 所示。

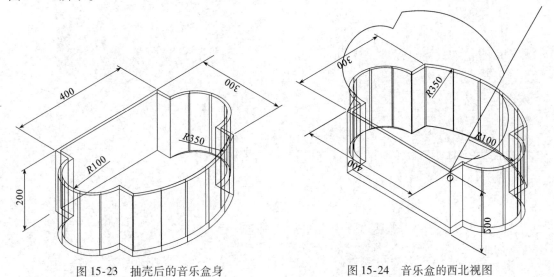

图 15-23　抽壳后的音乐盒身　　　　　图 15-24　音乐盒的西北视图

命令:ROTATE3D

选择对象:选盒底面俯视图

指定轴上的第一个点或定义轴依据［对象(O)/最近的(L)/视图(V)/X 轴(X)/Y 轴(Y)/Z 轴(Z)/两点(2)］:指定左上角点

指定轴上的第二点:指定右上角点

指定旋转角度或［参照(R)］:-45↙

⑤ 拉伸并抽壳形成盒盖,盒盖高为60,如图 15-25 所示。

方法与步骤②、③相同,可独立完成故省略。

⑥ 着色完成如图 15-26 所示。

小提示:

　　绘制盒盖前先进行旋转与 X、Y 平面的夹角为45°,需要用三维旋转来实现,用动态观察工具来观察确定放置的位置正确。

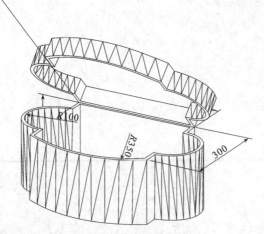

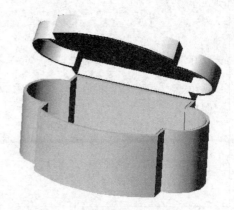

图 15-25　制作完成的音乐盒　　　　　　　　图 15-26　着色后的音乐盒

任务五:用剖切法绘制模型,如图 15-27 所示。

剖切是将实体对象以平面剖切,并选择需要保留的部分。

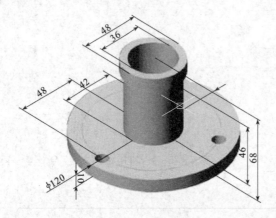

图 15-27　剖切法绘制模型

变换视图为西南等轴测。

命令:SLICE↙

选择对象:选实体模型↙

指定切面上的第一个点,通过[对象(O)/Z 轴(Z)/视图(V)/XY(XY)/YZ(YZ)/ZX (ZX)/三点(3)]<三点>:ZX↙点选 Z 轴上的任意一点

在需求平面的一侧拾取一点或[保留两侧(B)]:选取左侧保留面

任务六:三维面的压印和清除操作

1. 压印(图 15-28)

选取一个对象,将其压印在一个实体对象上。但前提条件是,被压印的对象必须与实体对象的一个或多个面相交。可选取的对象包括:圆弧、圆、直线、二维和三维多段线、椭圆、样条曲线、面域、体及三维实体。

执行命令后,用户可按照命令行的提示进行操作:

选择三维实体:选择实体

选择要压印的对象:选择对象

是否删除源对象[是(Y)/否(N)]<当前>:输入 Y 或 N,或按【Enter】键

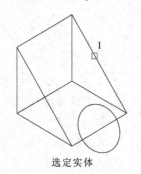 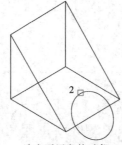

选定实体　　　　　　　　　　选定要压印的对象　　　　　　　　　　结果

图 15-28　压印

2. 清除(图 15-29)

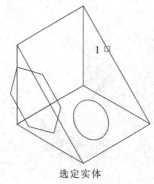 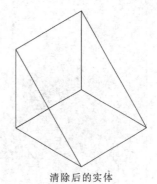

选定实体　　　　　　　　　　　　清除后的实体

图 15-29　清除

删除与选取的实体有交点的,或共用一条边的顶点。删除所有多余的边和顶点、压印的以及不使用的几何图形。

执行清除命令后,用户可按照命令行的提示进行操作:

选择三维实体:选择实体

任务七:三维面的操作。

实体菜单下实体编辑工具栏中的面命令可完成对实体的相关编辑操作。

1. 拉伸面(图 15-30)

图 15-30　拉伸面

189

将三维实体的一个或多个面按指定高度或指定路径进行拉伸以生成一个新的三维实体，新的实体由原三维实体一起组成。

命令：SOLIDEDIT↙

选择面或［放弃(U)/删除(R)］：选 A 面↙

指定拉伸高度或［路径(P)］：2 ↙

指定拉伸的倾斜角度 <0>：15 ↙

小提示：

指定拉伸的高度输入的值为正值，则沿面的正向拉伸。如果输入负值，则沿面的反向拉伸。若指定的倾斜角度为正，则往里倾斜选定的面，负角度将往外倾斜面。默认角度为 0，此时面被垂直拉伸。若指定的高度和角度值较大，选择的面可能会在达到拉伸高度前汇聚到一点。选取的拉伸路径包括有直线、圆、圆弧、椭圆、椭圆弧、多段线或样条曲线。但这些对象不能与面处于同一平面，也不能具有高曲率的部分。拉伸路径必须垂直于剖面平面且位于其中一个端点处。

2. 移动面（图 15-31）

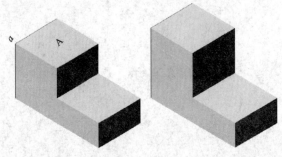

图 15-31　移动面

通过移动三维实体面的位置来改变实体的外形，一次可以选择多个面。

命令：SOLIDEDIT↙

选择面或［放弃(U)/删除(R)］：

选 A 面↙

指定基点或位移：拾取 a 点↙

指定位移的第二点：输入移动高度 2 ↙

3. 旋转面（图 15-32）

将选取的面围绕指定的轴旋转一定角度。

命令：SOLIDEDIT↙

选择面或［放弃(U)/删除(R)］：选 A 面↙

指定轴点或［经过对象的轴(A)/视图(V)/X 轴(X)/Y 轴(Y)/Z 轴(Z)］<两点>：拾取 a 点

在旋转轴上指定第二个点：拾取 b 点↙

指定旋转角度或［参照(R)］：20 ↙

4. 偏移面（图 15-33）

按指定的距离或通过指定的点，将面均匀地偏移。正值增大实体尺寸或体积，负值减小实体尺寸或体积。

命令：SOLIDEDIT↙

选择面或［放弃(U)/删除(R)］：找到一个面

指定偏移距离：3↙

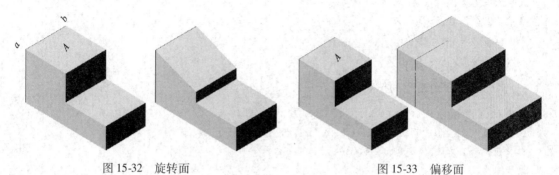

图 15-32 旋转面   图 15-33 偏移面

小提示：

若输入的距离值为正数，则以指定的距离放大实体，若输入的值为负数，则缩小实体。

5. 倾斜面（图 15-34）

以一条轴为基准，将选取的面倾斜一定的角度。

命令：SOLIDEDIT↙

选择面或［放弃(U)/删除(R)］：选 B 面↙

指定基点：点选 d

指定沿倾斜轴的另一个点：拾取 c 点

指定倾斜角度：30↙

小提示：

倾斜面命令是先指定面的一个基点，再指定轴然后确定角度。倾斜角度的旋转方向由选择基点和第二点的顺序决定。

6. 删除面（图 15-35）

删除选择的面后需要在选项里执行一个新的命令才能完成操作。如果删除选取的面后生成无效的三维实体则面不可以删除。

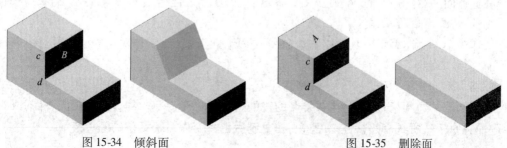

图 15-34 倾斜面   图 15-35 删除面

191

命令：SLIDEDIT↙

选择面或 [放弃(U)/删除(R)]：选 A 面↙

输入面编辑选项[拉伸(E)/移动(M)/旋转(R)/偏移(O)/倾斜(T)/删除(D)/复制(C)/颜色(L)/放弃(U)/退出(X)] <退出>：M↙

选择面或 [放弃(U)/删除(R)]：选 A 面↙

指定基点或位移：拾取 c 点

指定位移的第二点：拾取 d 点

7. 复制面（图 15-36）

复制选取的面到指定的位置。

命令：SLIDEDIT↙

选择面或 [放弃(U)/删除(R)]：选 A 面↙ 指定基点或位移：点选 a↙

指定位移的第二点：指定到需要的位置↙

图 15-36　复制面

小提示：

将面复制为面域或体，不能进行布尔运算。指定位移的第二点时，可用鼠标指定到需要位置，也可输入距离。

8. 着色面

给选取的面指定上颜色。当实体表面被修改为某种颜色时，该表面的线框也将改变为重新赋予的颜色。

命令：SOLIDEDIT↙

选择面或 [放弃(U)/删除(R)]：选择面或输入选项

选择面或 [放弃(U)/删除(R)/全部(ALL)]：选择面或输入选项，或按【Enter】键

在选择面之后，打开"选择颜色"对话框，用户可在其中选择颜色指定给要进行设置的面。

任务八：三维边的操作。

实体菜单下实体编辑工具栏中的边命令可编辑或修改三维实体对象的边。可对边进行的操作有复制、着色。

1. 复制边（图 15-37）

复制选取的边到指定的位置，被复制的边的副本都将变为单一的直线、弧、圆、椭圆或样条曲线，而且原来边所具有的特性，如颜色，在复制后也将变为系统默认的颜色值。

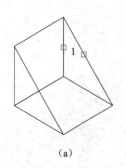
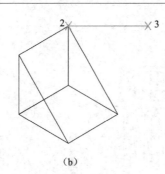
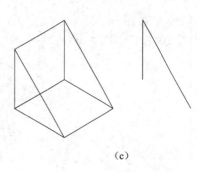

（a）　　　　　　　　　　（b）　　　　　　　　　　（c）

图 15-37　复制边

（a）选定要复制的边;（b）指定移动的基点和终点;（c）复制的边

2. 着色边

修改选取的边的颜色。在选择边之后,打开"选择颜色"对话框,用户可在其中指定要给边设置的颜色。

任务九:三维轮廓的操作（图 15-38）。

实体菜单下实体编辑工具栏中的轮廓命令可完成对实体的相关编辑操作。

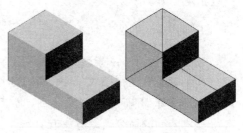

图 15-38　三维轮廓

```
命令:SOLPROF↙
选择对象:↙
是否在单独的图层中显示隐藏的轮廓线?[是(Y)/否(N)] <是>:↙
是否将轮廓线投影到平面?[是(Y)/否(N)] <是>:↙
```

项目四　运用三维操作编辑复杂对象

实体菜单中的三维操作工具栏提供了三维旋转、三维阵列和三维镜像三种空间操作方法,如图 15-39 所示。

任务十:用三维旋转编辑图形。

在中望 CAD 中可以通过旋转选定的闭合对象创建实体。

旋转的命令启动方式有:

① 命令:ROTATE3D。

② 菜单:实体→三维操作→三维旋转。

图 15-39　三维操作工具栏

目标:绘制图 15-40 所示图形。

分析:西南视图下,以 Y 轴为旋转轴旋转 90°,观察模型底部。

步骤:

切换视图为西南等轴测。

```
命令:ROTATE3D↙
选择对象:选模型↙
指定轴上的第一个点或定义轴依据
[对象(O)/最近的(L)/视图(V)/X 轴(X)/Y 轴(Y)/Z 轴(Z)/两点(2)]:Y↙
```

指定 Y 轴上的点 <0,0,0>:沿 Y 轴方向任意指定一点
指定旋转角度或[参照(R)]:90✓

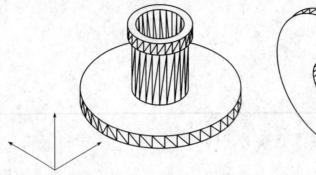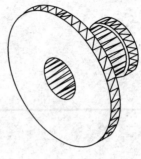

图 15-40　三维旋转

任务十一:用三维矩形阵列编辑图形。

在中望 CAD 的三维空间内,可以使用三维阵列命令来创建指定对象的三维阵列。有矩形阵列和环形阵列两种形式。

三维阵列的命令启动方式有:

① 命令:3DARRAY。

② 菜单:实体→三维操作→三维阵列。

目标:绘制图 15-41 所示图形。

分析:使用球体、圆锥体和三维阵列。

步骤:

切换视图为西南等轴测,坐标点为左视。

命令:3DARRAY✓
选择对象:选择图形✓
输入阵列类型[矩形(R)/极轴(P)] <矩形(R)>:✓
输入行数 (---) <1>:3✓
输入列数 (|||) <1>:4✓
输入层数 (...) <1>:3✓
指定行间距 (---):25✓
指定列间距 (|||):15✓
指定层间距 (...):40✓

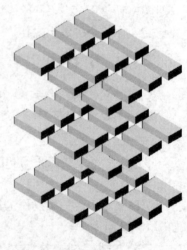

图 15-41　任务十一图

任务十二:用三维环形阵列编辑图形。

在立体空间中创建三维阵列,复制多个对象。

三维阵列的命令启动方式有:

① 命令:3DARRAY。

② 菜单:实体→实体→三维阵列。

目标:绘制图 15-43 所示图形。

分析:使用球体、圆锥体和三维阵列。

步骤：

① 切换视图为西南等轴测，坐标点为左视。

② 绘制基本图形，如图 15-42 所示。

命令：SPHERE↙

指定球体球心 <0,0,0>:↙

指定球体半径或［直径(D)］:20↙

命令：CONE↙

指定圆锥体底面的中心点或［椭圆(E)］<0,0,0>:↙

指定圆锥体底面的半径或［直径(D)］:5↙

指定圆锥体高度或［顶点(A)］:300↙

③ 三维阵列图形，如图 15-43 所示。

命令：3DARRAY

选择对象:选图形↙

输入阵列类型［矩形(R)/极轴(P)］<矩形(R)>:P↙

输入阵列中的项目数目:12↙

指定要填充的角度 (+=逆时针,-=顺时针) <360>:↙

是否旋转阵列中的对象?［是(Y)/否(N)］<Y>:↙

指定阵列的圆心:0,0,350 指定旋转轴上的第二点:指定 Y 轴上任意点

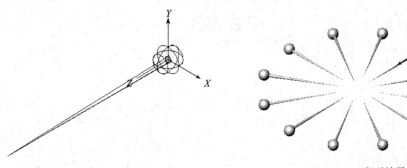

图 15-42　基本图形　　　　　　图 15-43　阵列效果

④ 使用体着色观看效果。

任务十三:用三维镜像编辑图 15-44 所示图形。

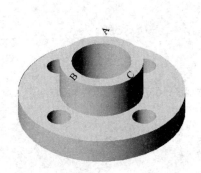
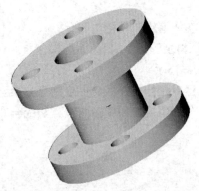

图 15-44　三维镜像图形

建筑 CAD 基础教程

变换视图为西南等轴测。

命令：MIRROR3D ↙
选择对象：选模型 ↙
指定镜像平面（三点）的第一个点或[对象(O)/最近的(L)/Z 轴(Z)/视图(V)/XY 平面(XY)/YZ 平面(YZ)/ZX 平面(ZX)/三点(3)] <三点>：XY ↙
指定 XY 平面上的点 <0,0,0>：指定 A 点
是否删除源对象？[是(Y)/否(N)] <否>：↙

用动态观察工具观看镜像效果。

小提示：

指定镜像平面时默认的是三点，可打开对象捕捉中的最近点，分别选取 A、B、C 三点。

小 结

在本模块中，我们通过实例介绍了编辑三维图形的方法，在中望 CAD 中，用户可以在三维空间中复制、镜像和对齐三维对象，还可以剖切实体，获取实体的截面，也可以编辑它们的面、边和体。用户通过完成任务，熟练掌握了这些操作。

拓展训练

一、填空题

1. 在中望 CAD 中，用户可以对三维实体进行_____、_____、_____等编辑操作。

2. 在中望 CAD 中，三维阵列的命令是：_____。

3. 在中望 CAD 中，为了准确的标注三维对象中各部分的尺寸，用户需要不断地变换_____。

二、选择题

1. 在对齐三维对象时，最多可以选择(   )组对齐点。

A. 1   B. 2   C. 3   D. 4

2. 实体编辑工具栏主要有(   )操作

A. 体的操作   B. 面的操作   C. 边的操作   D. 轮廓

三、操作题

1. 运用拉伸和并集命令绘制小方桌。

2. 分别用拉伸和旋转两种方法配合布尔运算绘制图 15-45 和图 15-46。

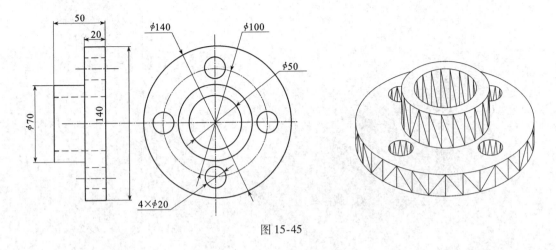

图 15-45

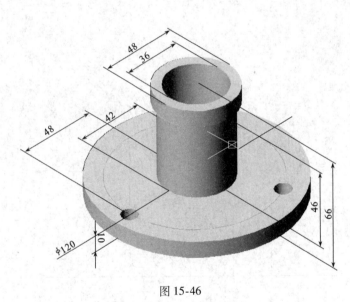

图 15-46

3. 运用拉伸和并集、差集命令绘制图 15-47 ~ 图 15-49。

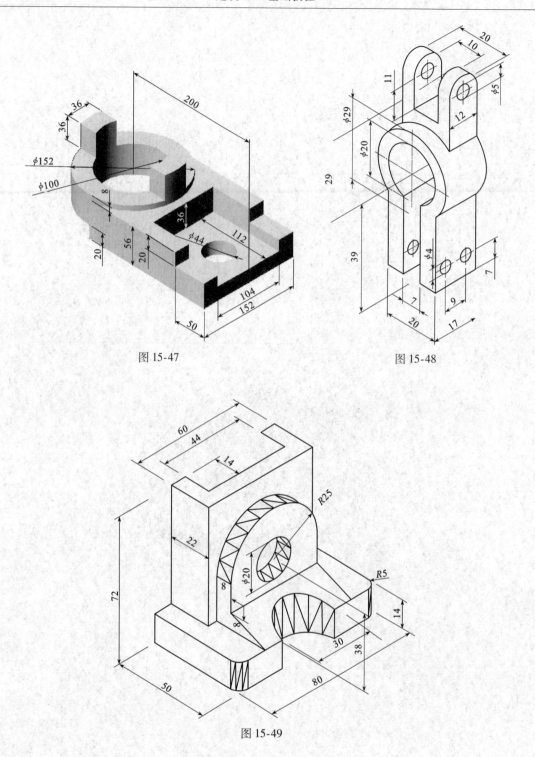

图 15-47

图 15-48

图 15-49

4. 参考图 15-50 所示门窗详图做出门套,放置到建筑模型的门洞口。

已知:门为 2400×2500、1000×2500,厚度为 50。

5. 参考图 15-51 所示门窗详图做窗套,放置到建筑模型的窗洞口。

已知:窗为 2100×1800、1000×2800,厚度为 50。窗台挑出墙面 60,高 120。

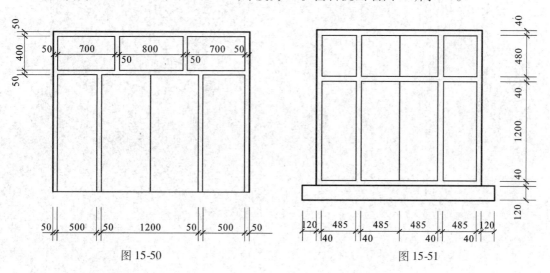

图 15-50　　　　　　　　　　　　　图 15-51

6. 绘制出截面图进行实体旋转。

7. 用旋转出的图形进行剖切如同保留 3/4 实体。

8. 运用所学命令和布尔运算创建出图 15-52～图 15-57 所示完整实体模型。

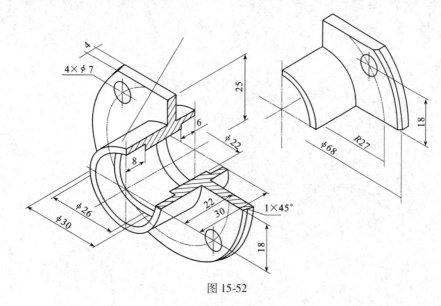

图 15-52

199

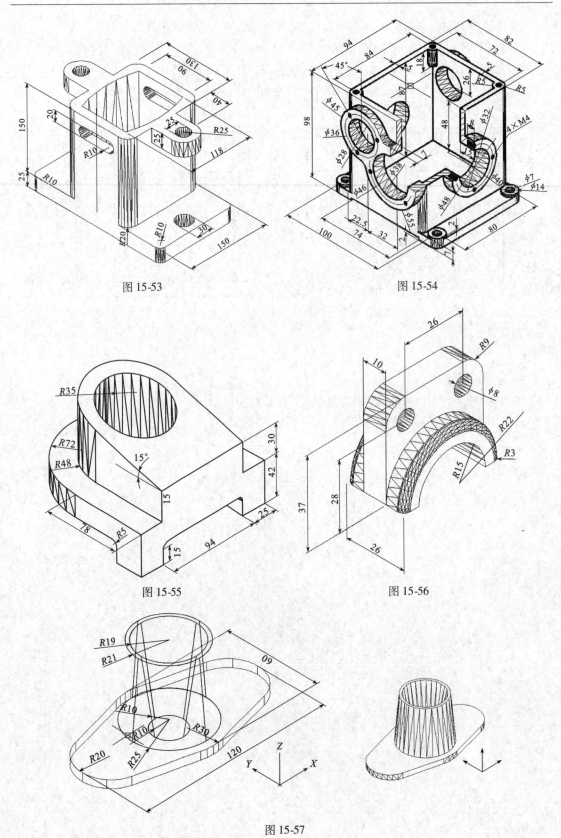

图 15-53

图 15-54

图 15-55

图 15-56

图 15-57

四、按照以下步骤绘制模型

① 用正多边形命令绘制半径为 50 的两个正六边形,第一个拉伸高度为 10,第二个拉伸高度为 15,如图 15-58 所示。

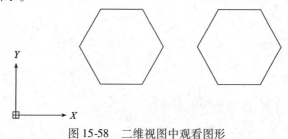

图 15-58 二维视图中观看图形

② 变换视图为西南等轴测。捕捉第一个正六边形的底面中心点坐标,输入圆锥体底面半径为 50,高度为 100,如图 15-59 所示。将两个物体做差集运算,如图 15-60 所示。

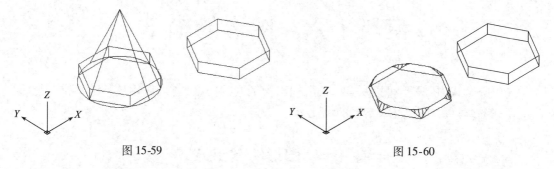

图 15-59   图 15-60

③ 用三维镜像命令将差集后的实体以 X、Y 平面为镜像轴,复制一个倒置图形,然后分别移动到第二个正六棱柱的上面和下面,做并集运算,如图 15-61 所示。

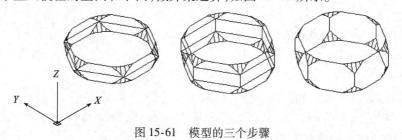

图 15-61 模型的三个步骤

④ 在螺母中心画一个圆柱体,半径为 25,高为 50,与螺母做差集运算,消隐效果如图 15-62 所示。

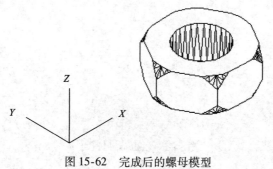

图 15-62 完成后的螺母模型

201

教学目标：

☆掌握打印参数的设置；
☆熟练掌握图纸空间布图和出图的方法；
☆熟悉图形输出。

教学重点：

☆掌握打印参数的设置；
☆熟练掌握图纸空间布图和出图的方法。

教学难点：

☆熟练掌握图纸空间布图和出图的方法。

模块十六　图形的输出

在中望 CAD 中，图形可以从打印机上输出为纸制的图纸，也可以用软件的自带功能输出为电子档图纸。在此过程中，参数的设置十分关键。

项目一　图形的输出方式

输出功能是将图形转换为其他类型的图形文件，如 .bmp 等，以达到和其他软件兼容的目的。

图形输出的命令启动方式有以下三种：

① 命令：EXPORT。

② 菜单：文件→输出。

③ 工具栏：输出→输出→输出。

任务一：将图 16-1 所示 Clothes_Plan. dwg 图形转换为 .bmp 格式文件，并保存在 c：\Program Files\ZWCAD + 2012 CHS\Sample 目录下。

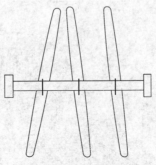

图 16-1　Clothes_Plan. dwg

① 命令:EXPORT,执行命令后,打开如图16-2所示的"输出数据"对话框。

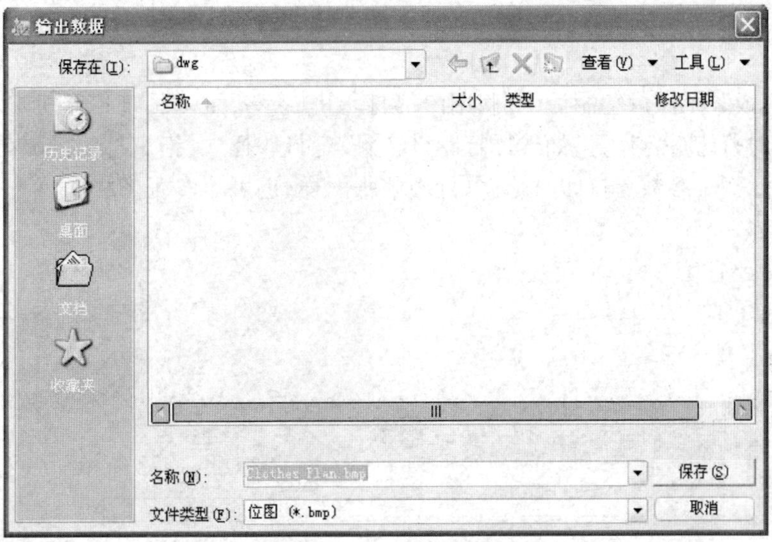

图 16-2　输出数据对话框

② 在"保存在"下拉列表里找到 c:\Program Files\ZWCAD + 2012 CHS\Sample,然后在"名称"文本框中输入 Clothes_Plan. bmp,在文件类型下拉列表里选择"位图(∗. bmp)",如图 16-3所示。然后,单击"保存"按钮完成任务。

图 16-3　文件类型选定为 ∗. bmp

小提示:

　　以不同类型的文件输出,可保证中望 CAD 能够与其他软件的交流。使用输出功能的时候,会提示选择输出的图形对象,用户在选择所需要的图形对象后就可以输出了。输出后的图面与输出时中望 CAD 中绘图区域里显示的图形效果是相同的。

项目二　打印和打印参数设置

用户在完成某个图形绘制后,可使用内部打印机或 Windows 系统打印机输出图形。在打印前,首先要对打印进行设置,如选择打印设备、设定打印样式、指定打印区域等,还可设定图纸幅面、打印比例等参数。打印时,既可打印单张图样,也可将多张图样布置在一张图纸上一起打印。

打印的命令启动方式有以下三种:

① 命令:PLOT。

② 菜单:文件→打印。

③ 工具栏:输出→打印→打印。

任务二:从模型空间将图 16-4 打印在 A3 纸上。

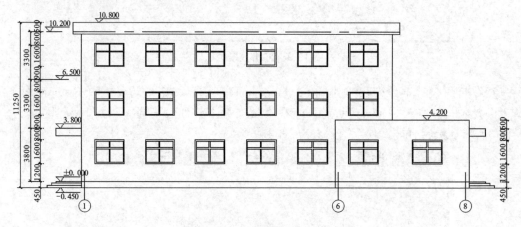

图 16-4　待打印的图形

① 命令行:PLOT,执行命令后,打开如图 16-5 所示"打印－模型"对话框。

图 16-5　"打印-模型"对话框

② 在"打印机/绘图仪"选项组的"名称"下拉列表中选择适当的打印设备。如:ZWCAD Virtual Eps Plotter 1.0。

③ 在"纸张"下拉列表中选择 A3 幅面的图纸。

④ 在"打印区域"选项组的"打印范围"下拉列表中选择"窗口"选项,返回到绘图界面,选择打印范围,如图 16-6 所示。

图 16-6　选打印范围

⑤ 在"打印比例"选项组中选中"布满图纸"复选框。

⑥ 在"打印偏移"选项组中选中"居中打印"复选框。

⑦ 单击右下角按钮，展开"打印-模型"对话框,如图 16-7 所示。

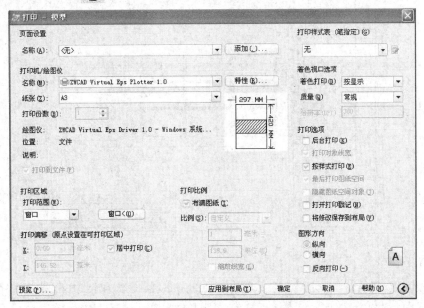

图 16-7　展开后的打印-模型对话框

⑧ 在"打印样式表"选项组的下拉列表中,选择 Monochrome. ctb 选项。

⑨ 在"图形方向"选项组中选中"横向"单选按钮。

⑩ 设置好后,单击"预览"按钮,预览打印效果,如图 16-4 所示。若满意,则按【Esc】或按【Enter】键,返回"打印-模型"对话框,再单击"确定"按钮即可开始打印。

小提示:

> 用户在进行打印的时候要经过上面一系列的设置后,才可以正确地在打印机上输出需要的图纸。打印图形的关键问题之一是打印比例,图样是按 1:1 的比例绘制的,输出图形时需考虑选用多大幅面的图纸以及图形的缩放比例,有时还要调整图形在图纸上的位置和方向。当然,这些设置是可以保存的,用户选择好打印设备并设置完打印参数后,在"打印"对话框最上面的"页面设置"选项中,可新建页面设置的名称,来保存所选的打印设置,方便以后使用。

项目三　从图纸空间出图

中望 CAD 的绘图空间分为模型空间和图纸空间两种,模型空间主要用于绘制图形,图纸空间主要用于布置图形。前面介绍的打印是在模型空间中的打印设置,模型空间中的打印只有在打印预览的时候才能看到打印的实际状态,且模型空间对于打印比例的控制不是很方便。而从图纸空间打印则可更直观地看到最后的打印状态,图纸的布局和比例控制也更加方便。

任务三:在图纸空间中对图 16-8 进行布图和出图。

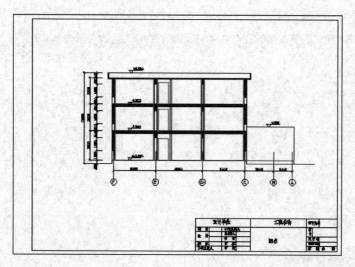

图 16-8　待布局打印的图形

① 在模型空间绘制该图形后,选择状态栏上的"布局 1"选项卡,由模型空间界面切换至图纸空间界面,如图 16-9 所示。在界面中有一张打印用的白纸示意图,纸张的大小和范围已经确定,纸张边缘有一圈虚线表示的是可打印的范围,图形在虚线内是可以在打印机上打印出来的,超出的部分则不会被打印。

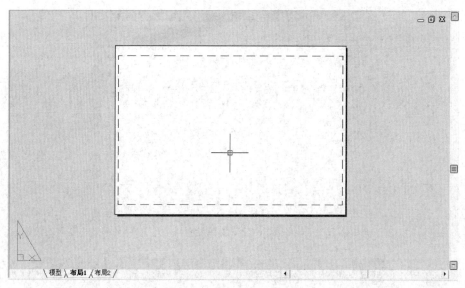

图 16-9   图纸空间界面

② 选择菜单：文件→页面设置（或工具栏：输出→打印→页面设置管理器），打开"页面设置管理器"对话框，如图 16-10 所示。

③ 单击"修改"按钮，打开"页面设置-布局1"对话框，如图 16-11 所示。

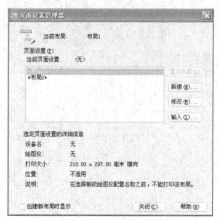

图 16-10   "页面设置管理器"对话框

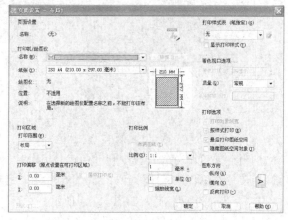

图 16-11   "页面设置-布局1"对话框

④ 这个对话框和模型空间里用打印命令打开的对话框非常相近，在对话框中设置好打印机名称、纸张、打印样式等相关内容后，单击"确定"按钮保存设置。注意把比例设置为 1∶1，这样打出图形的比例会很好控制，如图 16-12 所示。

⑤ 选择菜单：视图→视口→一个视口（或工具栏：视图→视口→矩形），在图纸空间中点取两点确定矩形视口的大小范围，模型空间中的图形就会在这个视口当中反映出来，如图 16-13 所示。

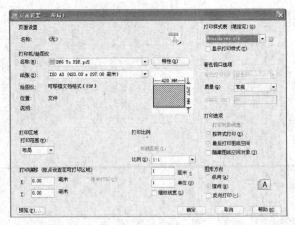

图 16-12　参数设置

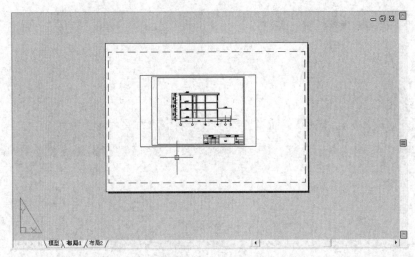

图 16-13　图纸空间视口选择

⑥ 调整视口。首先选择视口,在视口的属性栏里将"标准比例"一项调整到所需比例,例如要放大一倍打印,则要调整到 2∶1。本任务中将视口调整到图纸大小后,在"标准比例"一项中选择了"按图纸缩放",如图 16-14 所示。

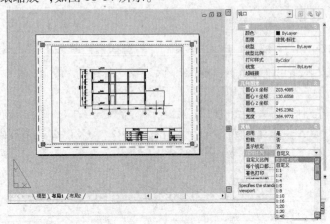

图 16-14　视口的调整

⑦ 运行打印命令,打印对话框中的设置会自动保持与页面设置相同,预览打印效果,若满足要求,单击"确定"按钮即可。

小提示:

> 一张图纸可以设置多个图纸空间,在状态栏的按钮上右击新建即可。如果模型空间里绘制了多幅图纸,可以设置多个图纸空间来对应不同需求的打印。图纸空间设定好后,会随图形文件一同保存,再次打印时无需再次设置。模型空间绘图时,可以用 1:1 比例绘制出图形,在图纸空间设定各打印参数和比例大小,图框和标注都在图纸空间里制作,这样图框的大小不需要放大或缩小,标注的相关设定,如文字高度,也不需要特别的设定,这样打印出来的图会非常准确。

小　　结

通过本模块的学习,用户能够熟练掌握打印参数的设置以及利用图纸空间界面布图和出图的方法绘图界限、图形单位以及用户界面的设置,通过完成任务一、任务二、任务三强化图形输出、打印设置及图形布局和出图的方法。

拓展训练

一、填空题

1. _____功能是将图形转换为其他类型的图形文件,以达到和其他软件兼容的目的。

2. 在中望 CAD 中,打印样式分为颜色相关打印样式和_____两类。

3. 中望 CAD 的绘图空间分为_____和_____两种,_____主要用于绘制图形,_____主要用于布置图形。

4. 一张图纸可以设置多个图纸空间,在状态栏的按钮上_____新建即可。

二、选择题

1. 如果从模型空间打印一张图,打印比例为 10:1,那么想在图纸上得到 3mm 高的字,应在图形中设置字高为(　　)

A. 3mm　　　　　B. 0.3mm　　　　　C. 30mm　　　　　D. 10mm

2. 当布局中包括多个视口时,每个视口的比例(　　)

A. 可以相同　　B. 可以不同　　C. 必须相同　　D. 估计需要确定

教学目标：

☆掌握绘制建筑平面图、立面图和剖面图的步骤；
☆熟练掌握绘制建筑平面图、立面图和剖面图的技巧。

教学重点：

☆掌握绘制建筑平面图、立面图和剖面图的步骤；
☆熟练掌握绘制建筑平面图、立面图和剖面图的技巧。

教学难点：

☆熟练掌握绘制建筑平面图、立面图和剖面图的技巧。

模块十七　建筑图形绘制实例

学习了中望CAD的一些基础知识之后，用户应该了解中望CAD在建筑绘图中的一些设计方法和技巧，本模块将通过实例介绍如何绘制建筑平面图、立面图和剖面图。

项目一　建筑平面图实例

建筑平面图就是假想使用水平的剖切面沿门窗洞口的位置将房屋剖切后，对剖切面以下的部分做水平剖面图。它主要反映出房屋平面形状、大小、房间的布置、墙柱的位置、厚度和材料，以及门窗的类型和位置等。建筑平面图一般包括底层建筑平面图、标准层建筑平面图及顶层建筑平面图。

一、建筑图形的绘图环境设置

绘制建筑平面图首先要进行绘图环境设置，包括图形界限设置、单位设置、文本设置、标注样式设置等。

1. 图形界限设置

假设要绘制的纸张为A4图纸，按1∶1的比例绘制电子图形，按1∶100打印出图，A4图纸的尺寸为297mm×210mm。

操作步骤如下：

命令：LIMITS↙
重新设置模型空间界限：
指定左下角点或［开(ON)/关(OFF)］＜0.0000,0.0000＞：↙
指定右上角点＜420.0000,297.0000＞：29700,21000↙

操作完成。

2. 绘图单位设置

建筑工程图中长度单位为小数,精度为0,角度的类型为十进制,角度以逆时针方向为正,方向以东为基准角度。

选择"格式"→"单位"选项,打开如图 17-1 所示的"图形单位"对话框,就可以在图形对话框中进行绘图单位设置。

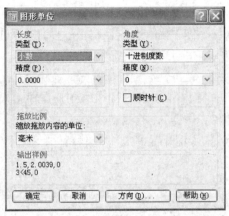

图 17-1　"图形单位"对话框

3. 图层设置

建筑工程中的墙体、门窗、楼梯、尺寸、标注等不同的图形,所具有的属性是不一样的,为了便于管理,把具有不同属性的图形放在不同的图层上进行处理。

① 首先创建四个我们需要的图层。图层名称分别为粗实线、细实线、点画线和虚线。选择"格式"→"图层"选项,打开"图层特性管理器"对话框,如图 17-2 所示,新建图层,并为命名。

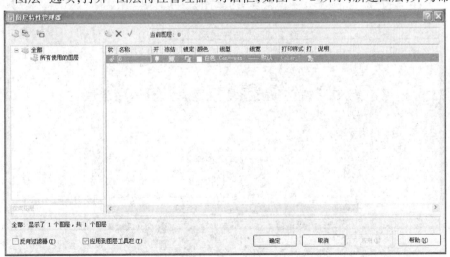

图 17-2　"图层特性管理器"对话框

② 设置线型、线宽、颜色。

通常绘制建筑平面图需要用到四种图层,修改参数时可以双击"图形特性管理器"中的"颜色"、"线型"、"线宽"来修改图层属性。

粗实线：颜色—红色、线型—Continuous、线宽— 0.5mm。

细实线：颜色—绿色、线型—Continuous、线宽— 0.25mm。

点画线：颜色—品红、线型—DASHOT2、线宽— 0.25mm。

虚线：颜色—黄色、线型—DASHED2、线宽— 0.25mm。

下面介绍一下点画线层和虚线层的线型设置：

点画线线型设置：双击"线型"，打开"选择线型"对话框如图 17-3 所示，单击"加载"按钮，打开"加载或重生线型"对话框如图 17-4 所示，选择 DASHOT2，单击"确定"按钮，如图 17-5 所示，最后选择 DASHED2，单击"确定"按钮，完成线型编辑。

虚线线型设置：双击"线型"，打开"选择线型"对话框如图 17-3 所示，单击"加载"按钮，打开"加载或重生线型"对话框如图 17-4 所示，选择 DASHED2 单击"确定"按钮如图 17-5 所示，最后选择 DASHED2，单击"确定"按钮，完成线型编辑。

通过以上编辑，完成四种图层编辑后单击"图层特性管理器"中的"确定"按钮完成图层设置。

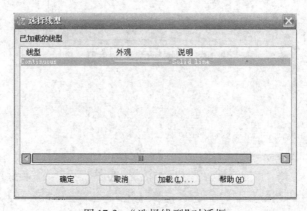

图 17-3 "选择线型"对话框

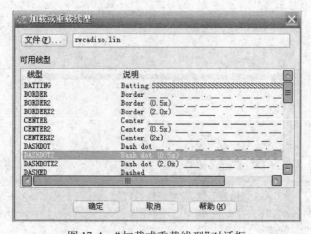

图 17-4 "加载或重载线型"对话框

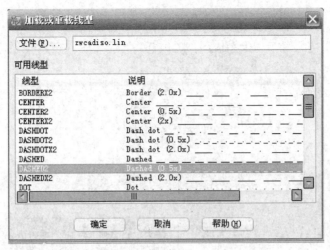

图 17-5 "选择线型"对话框

4. 文字样式设置

建筑工程图中,一般都有关于房间功能、图例以及施工工艺的文字说明,这就需要进行文字编辑。

通过"文字样式"对话框设置文本格式。

5. 标注样式设置

尺寸标注是建筑工程中的重要组成部分,但中望 CAD 中的默认设置,不能完全满足建筑工程图的要求,因此就需要用户进行标注样式的编辑。

打开"标注样式管理器"对话框,如图 17-6 所示,单击"新建"按钮打开"创建新标注样式"对话框如图 17-7 所示,单击"继续"按钮,打开"新建标注样式:副本 ISO-25"对话框如图 17-8 所示。

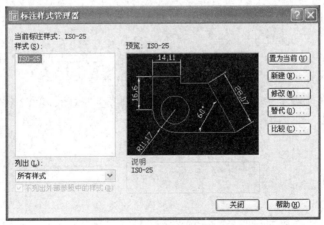

图 17-6 "标注样式管理器"对话框

图 17-7 "创建新标注样式"对话框

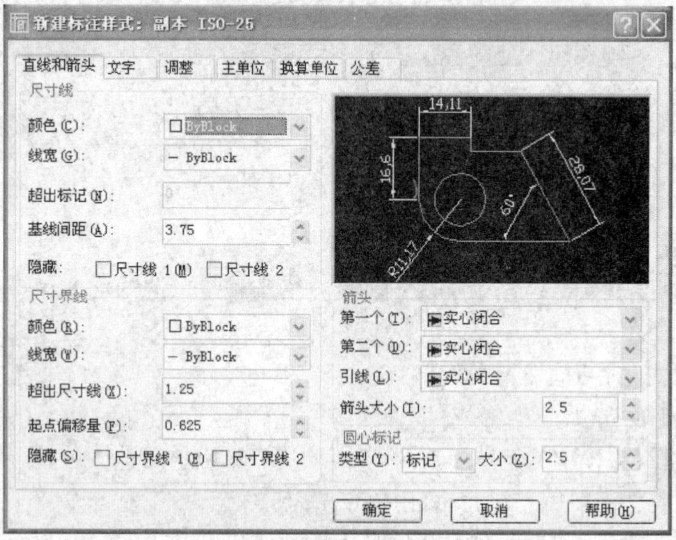

图 17-8 "新建标注样式:副本 ISO-25"对话框

在新建标注样式中进行如下设置：

直线和箭头：尺寸界限→颜色→绿色；

箭头→倾斜。

文字：选择已经编辑好的文字样式。

主单位：精度—0、比例因子—100、单位格式—十进制—精度—0。

编辑完毕后单击"确定"按钮回到"标注样式管理器"对话框，单击"置为当前"按钮。然后关闭对话框，完成标注编辑。

二、绘制建筑平面图

1. 绘制轴线网及编号

建筑平面图绘制一般从定义轴线开始。确定了轴线就是确定整个建筑物的承重体系，确定了建筑物的开间、进深以及楼板柱网等细部的布置。所以绘制轴线是建筑绘图的基本功之一。定位轴线用细点画线绘制。其编号横向轴线为 1、2、3……n，纵向为 A、B、C 英文字母。大写字母中的 I、O、Z 不能做轴线编号，以免发生混淆。

任务一：绘制如图 17-9 所示的平面图。

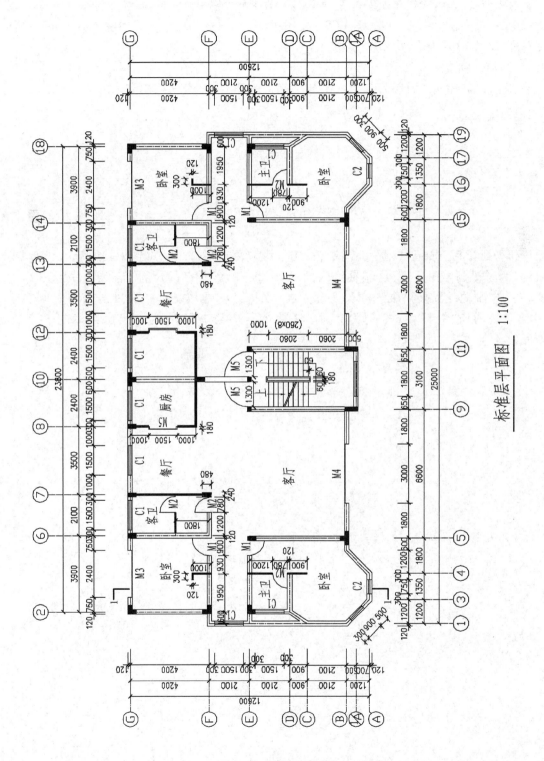

图 17-9 标准层平面图

（1）绘图理念

绘制前要认真看图,看看有哪些共同元素,哪些可以使用块编辑,哪些可以阵列,哪些可以镜像等,以提高作图速度。根据图 17-9 我们可以看出,这张平面图可以用镜像命令来提高作图速度,即以 10 轴为镜像轴进行镜像。

（2）绘制轴线网

首先选择"粗实线"图层,打开正交,使用矩形命令绘制一张 A4 图纸。

命令:RECTANG↙

倒角(C)/标高(E)/圆角(F)/厚度(T)/宽度(W)/<选取方形的第一点>:0,0↙

指定另一个角点或［面积(A)/尺寸(D)/旋转(R)］:D↙

指定矩形的长度 <10.0000>:297↙

指定矩形的宽度 <10.0000>:210↙

指定另一个角点或［面积(A)/尺寸(D)/旋转(R)］:

命令:ZOOM↙

执行命令后,选择"点画线"图层,在图纸区域内选择适当的点作为轴线基点,绘制轴线网,为了提高绘图速度,绘制轴线网的时候,将门、窗洞口的位置留出来,并引出标注所使用的轴线,绘制时,轴线的长度既为墙体的长度,这样能节省大量的修剪时间。绘制时,从一侧轴线开始(本例为 2 轴)将整个需要绘制的轴线绘制出来,如图 17-10 所示。

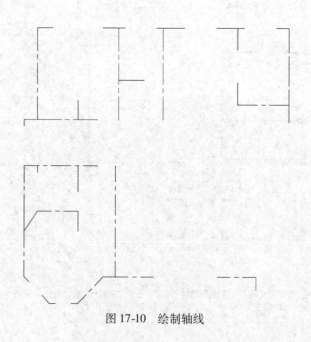

图 17-10　绘制轴线

小提示：

该平面图的比例为 1：100，绘制时输入的数值应为实际长度。

（3）标注轴线编号

绘制完轴线后就要根据原图对轴线进行编号。

轴线编号有 2 种绘制方式：一种方式是用圆命令和文字命令依次进行轴线编号。这样绘制麻烦而且慢；另一种方式是用图块的方式进行轴线编号。

① 首先绘制 1 轴的轴编号，如图 17-11 所示。

使用圆命令在轴线下绘制一个直径为 800 的圆。

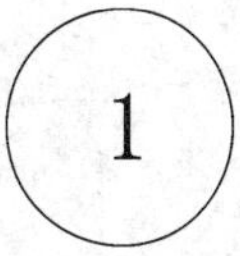

定义块属性选择"绘图"→"块"→"创建块"选项，弹出"块定义"对话框如图 17-12 所示，在名称中输入"轴线编号"，单击"选择对象"，选择"轴线编号"图形（即 1 ）。单击"拾取点"按钮，选择捕捉圆的正上方的象限点，单击"确定"按钮就定义了"轴线编号"块。

② 定义块属性。

选择"绘图"→"块"→"定义属性"选项，打开"定义属性"对话框，在"标记"文本框中输入"2、3"等轴线编号，选择要插入的坐标，单击"定义并退出"按钮即可，如图 17-13 所示。

图 17-11　1 轴的轴倍长

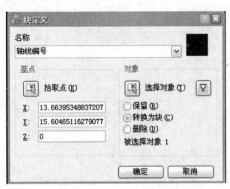

图 17-12　"块定义"对话框 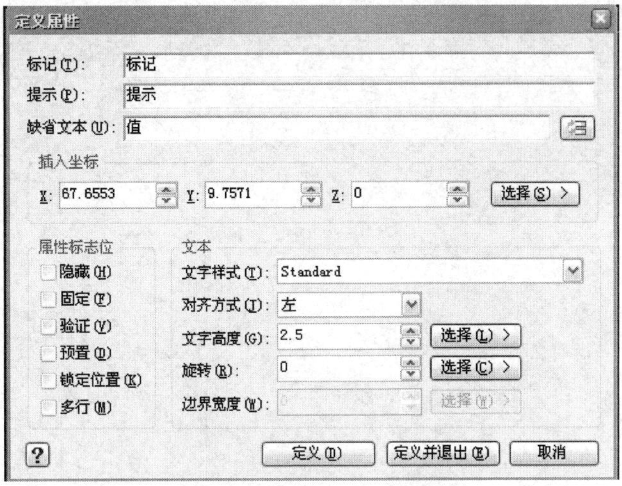　　　　图 17-13　"定义属性"对话框

③ 依次使用"定义属性"完成轴线编号编辑，如图 17-14 所示。

2. 绘制墙体

绘制墙体的方法有两种：一种是用偏移命令绘制墙体线；另一种是使用多线命令绘制墙体线。

由于多线命令方便、快捷，所以通常绘制墙体都使用多线命令。

（1）使用多线命令绘制墙体线

命令如下：

```
命令：MLINE↙
当前设置：对正 = 上，比例 = 20.00，样式 = STANDARD
```

指定起点或:[对正(J)/比例(S)/样式(ST)]:S✓

输入多线比例<20.000000>:2.4✓

当前设置:对正=上,比例=2.40,样式=STANDARD

指定起点或:[对正(J)/比例(S)/样式(ST)]:J✓

输入对正类型[上(T)/无(Z)/下(B)]<上>:Z✓

当前设置:对正=无,比例=2.40,样式=STANDARD

指定起点或:[对正(J)/比例(S)/样式(ST)]:

指定下一点:

指定下一点或[放弃(U)]:

指定下一点或[闭合(C)/放弃(U)]:

指定下一点或[闭合(C)/放弃(U)]:

指定下一点或[闭合(C)/放弃(U)]:

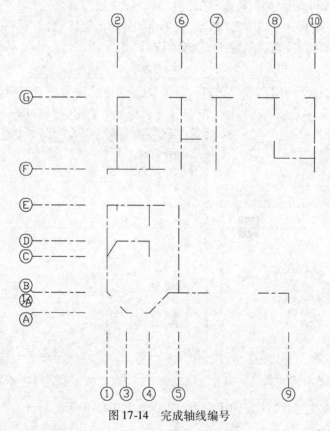

图 17-14　完成轴线编号

绘制出所有的墙体线如图 17-15 所示。

(2)用多线编辑命令 MLEDIT

对绘制好的轴线进行"角合并、十字合并"编辑,使墙体线相互连接。并将窗口、门口边线用直线命令补画出来,如图 17-16 所示。

3. 绘制柱及填充墙

① 使用多段线命令绘制柱子。

命令:PLINE

回车 使用最后点/跟踪(F) / <多段线起点>:

当前线宽: 0

弧(A)/距离(D)/跟踪(F)/半宽(H)/宽度(W) / <下一点>: W✓

起始宽度 <0>: 2.4✓

终止宽度 <2.4>: 2.4✓

弧(A)/距离(D)/跟踪(F)/半宽(H)/宽度(W) / <下一点>: 4.8✓

弧(A)/距离(D)/跟踪(F)/半宽(H)/宽度(W)/撤销(U) / <下一点>:

取消

命令: PLINE✓

按【Enter】键使用最后点/跟踪(F) / <多段线起点>:

当前线宽: 2.4✓

弧(A)/距离(D)/跟踪(F)/半宽(H)/宽度(W) / <下一点>: 4.8✓

弧(A)/距离(D)/跟踪(F)/半宽(H)/宽度(W)/撤销(U) / <下一点>:

绘制结果如图 17-17 所示。

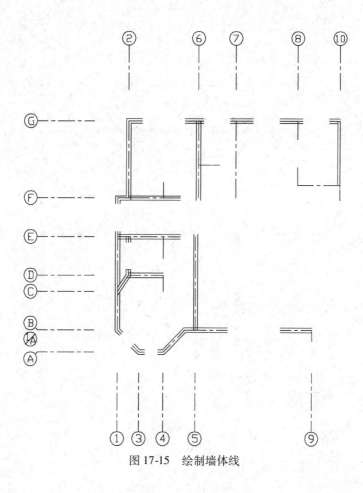

图 17-15　绘制墙体线

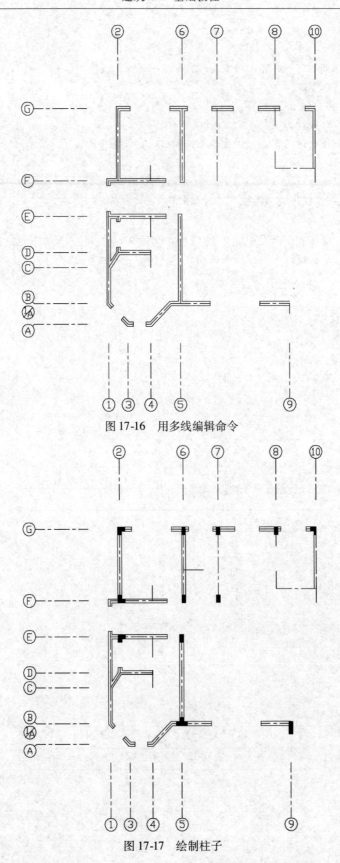

图 17-16　用多线编辑命令

图 17-17　绘制柱子

② 使用多段线绘制填充墙:填充墙的厚度均为120mm。

命令:PLINE↙

回车 使用最后点/跟踪(F)/＜多段线起点＞:

当前线宽:2.4↙

弧(A)/距离(D)/跟踪(F)/半宽(H)/宽度(W)/＜下一点＞:W↙

起始宽度＜2.4＞:1.2↙

终止宽度＜1.2＞:1.2↙

弧(A)/距离(D)/跟踪(F)/半宽(H)/宽度(W)/＜下一点＞:

弧(A)/距离(D)/跟踪(F)/半宽(H)/宽度(W)/撤销(U)/＜下一点＞:

绘制结果如图17-18所示。

4. 绘制门、窗

① 门:选择"细实线"图层。绘制一个半径为900的圆,通过捕捉圆心和象限点,绘制两条垂直的直线,将水平的直线上边偏移40表示门的厚度。用修剪命令修剪,以圆心为基点将整个图形定义为"块",如图17-19所示。

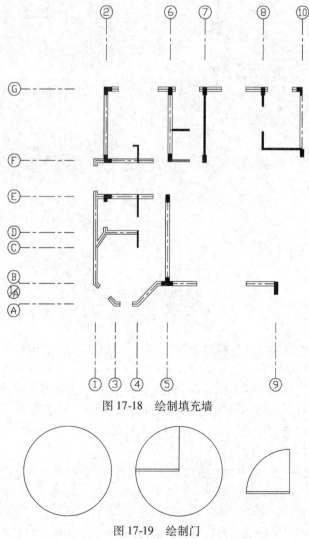

图17-18　绘制填充墙

图17-19　绘制门

② 窗:选择"细实线"图层绘制窗,并做成块,尺寸如图 17-20 所示。

图 17-20 窗尺寸

使用"块"命令,将门、窗绘制出来如图 17-21 所示。

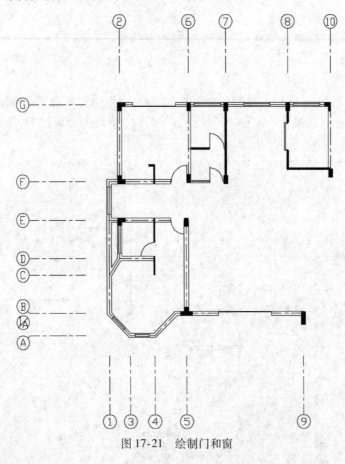

图 17-21 绘制门和窗

5. 文字编辑、标注

① 文字:文字编辑前面已经介绍过,这里不做多的讲解,选择"多行文字"命令,将图中的文字绘制出来,如图 17-22 所示。

② 标注:根据建筑制图标准的规定,平面图上的尺寸一般分为三道尺寸,总尺寸、定位尺寸、细部尺寸。标注时可以按从细部到整体,也可以从整体到细部的顺序,常常使用"线性"、"对齐"、"快速标注"、"连续标注"。在本图中采用从细部到整体的顺序,命令主要选择"线性标注"、"连续标注"和"基线标注"。

由于涉及三道尺寸,所以采用"基线标注"使这三道尺寸一致,打开"标注样式管理器"对话框,对"线性标注"进行修改,在"尺寸线"的选项中设置基线距离为 800,如图 17-23 所示。

首先,用"线性标注"进行第一道尺寸线标,即细部标注,如图 17-24 所示。

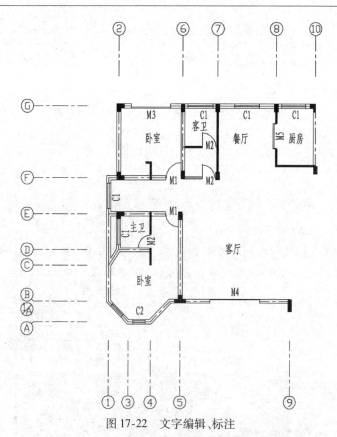

图 17-22　文字编辑、标注

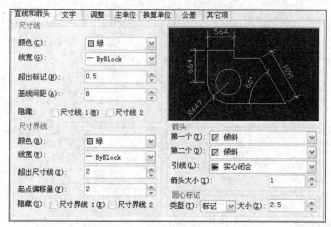

图 17-23　"直线和箭头"选项卡

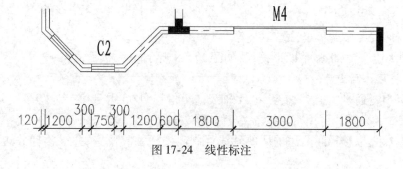

图 17-24　线性标注

其次,轴线尺寸标注,使用"连续标注"命令,标注轴线尺寸,如图 17-25 所示。

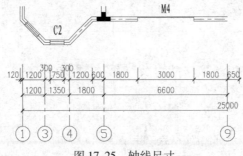

图 17-25　轴线尺寸

最后,标注总尺寸,如图 17-26 所示。

注意:由于我们需要用镜像来画这张平面图,所以横向图形没有画完,这里只标注纵向总尺寸。

通过以上三步,将细部、轴线、总尺寸标注完毕,如图 17-27 所示。

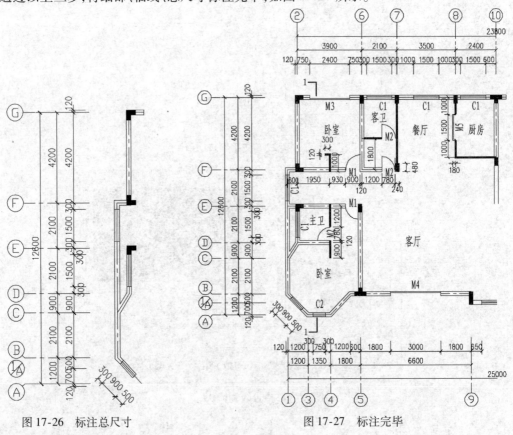

图 17-26　标注总尺寸　　　　　　　　　图 17-27　标注完毕

6. 完成标注、文字编辑后,选择"镜像"命令

以 10 轴为镜像轴,将整个图形镜像,如图 17-28 所示。

7. 最后将楼梯画出来

① 楼梯踏步:通过"偏移"命令,将 A 轴线向上偏移 2060 得到第一根踏步线,并修剪超出楼梯间的部分,其余踏步可用"阵列"命令,如图 17-29 所示。

② 楼梯扶手:以楼梯间两边的墙的轴线复制出楼梯井的位置,并以楼梯井边线画出楼梯

扶手。最后进行修剪和标注。根据图纸尺寸,分别将 9、10 轴向内偏移 1320,作为辅助线,并分别将 2 条轴线向内向外偏移 50,作出楼梯扶手的厚度,如图 17-30 所示。

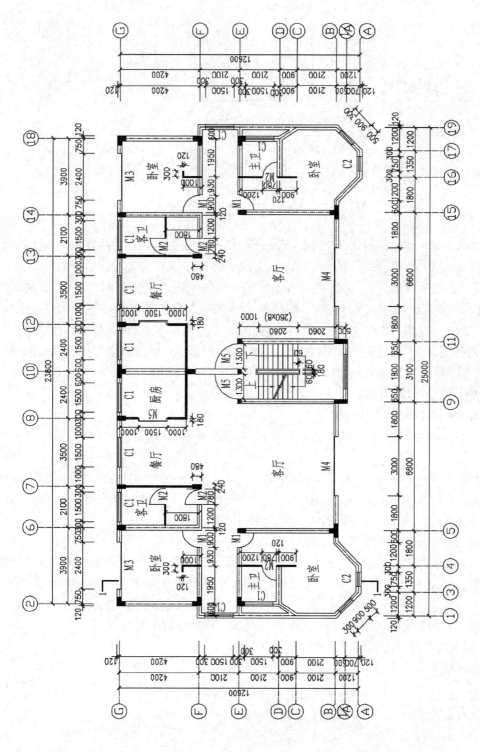

图 17-28　图像镜像

图 17-29 "阵列"对话框

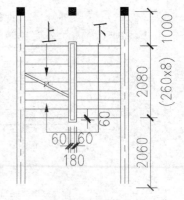

图 17-30 楼梯扶手

接着完成楼梯,标注总尺寸,完成作图,如图 17-9 所示。

项目二 建筑立面图实例

建筑立面是建筑物在不同方向的立面正投影,立面图主要表现建筑物的外观,外墙面层的材料、色彩、女儿墙的形式、腰线、勒角等饰面做法,阳台形式、门、窗布置及雨落管的位置。

根据建筑制图标准的规定,立面图可按平面图各面的朝向确定立面图的名称,如南、北、西、东立面图。如果有定位轴线的立面图,应该按轴线编号来命名立面图,如①~⑩立面图等。

建筑立面图是建筑施工中的重要图样,也是指导施工的基本依据,其具体内容包括:

① 室内外的地平线、房屋的勒角、台阶、门窗、阳台、雨篷、室外楼梯、墙和柱、外墙、预留洞口、檐口、屋顶、雨水管、墙面装饰材料构件等。

② 外墙各主要部位的标高。

③ 建筑物两端或分段的轴线编号。

④ 标出各个部分的构造、装饰节点详图的索引符号、使用图例或文字说明外墙装饰的材料和做法。

常用的建筑图样比例为 1:50、1:100、1:200,具体采用什么样的图纸比例,应根据出图的图幅来确定。为了加强里面图表达效果,轮廓突出、屋脊线、外墙轮廓线用粗实线,所有凹凸部位如阳台、雨篷、勒角、门窗、等用中实线,其他的用细实线。

1. 立面图的绘图环境设置

立面图是在平面图的基础上生成的,因此不需要新建一个文件,直接在平面图的旁边绘制一个立面图,但是根据投影原理(长宽对正、高平齐),平面图很多尺寸与立面图相同,因此、取舍平面图的内容是立面图生成的第一步。以图 17-31 为例说明立面图的绘制方法。

此立面图为侧立面图,在平面图中找到 A ~ F 轴,并将其复制下来。

注意:复制的时候包括轴线、窗口线、以及装饰线等。

命令提示如下:

命令:COPYCLIP↙

命令:找到 18 个对象

命令:PASTECLIP↙

插入点:

2. 绘制立面图

① 选择平面图侧面的所有轴线(包括窗边线)复制到新的绘图区域内,然后根据图 17-31,将轴线延长,并将窗边线改为细实线、外墙线改为粗实线,如图 17-32 所示。

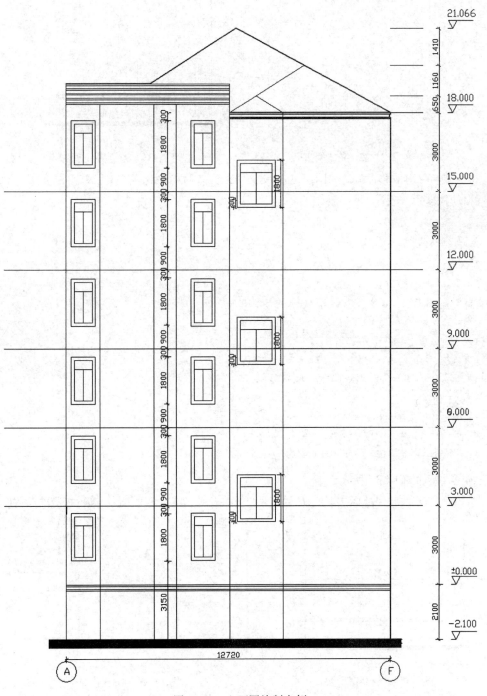

图 17-31　立面图绘制实例

② 将 –2.100 与 0.000 处的轴线画出来,并将腰线绘制出来,腰线的尺寸为 60mm。

提示:先画出地平线既 –2.100 处的轴线,然后用偏移命令绘制腰线(腰线为细实线),如图 17-33 所示。

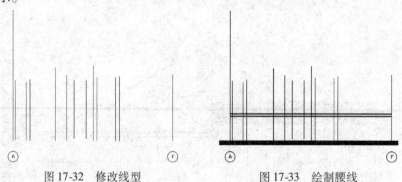

图 17-32　修改线型　　　　　　　　图 17-33　绘制腰线

③ 绘制窗:用偏移命令绘制出 3.000 处的轴线,然后绘制出窗。

窗:使用多线命令。

```
命令:MLINE↙
当前设置:对正 = 上,比例 = 1.20,样式 = STANDARD
指定起点或:[对正(J)/比例(S)/样式(ST)]:s↙
输入多线比例 <1.200000 >:1.2↙
当前设置:对正 = 上,比例 = 1.20,样式 = STANDARD
指定起点或:[对正(J)/比例(S)/样式(ST)]:j↙
输入对正类型 [上(T)/无(Z)/下(B)]<上 >:t↙
当前设置:对正 = 上,比例 = 1.20,样式 = STANDARD
指定起点或:[对正(J)/比例(S)/样式(ST)]:
指定下一点:
指定下一点或 [放弃(U)]:18↙
指定下一点或[闭合(C)/放弃(U)]:
指定下一点或[闭合(C)/放弃(U)]:c↙
```

绘制结果如图 17-34 所示。

④ 绘制完窗后,将尺寸标注完成,然后用矩形阵列命令,如图 17-35 所示,进行相应的参数设置。

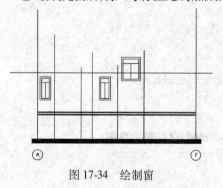

图 17-34　绘制窗

图 17-35　"阵列"对话框

将窗、尺寸标注进行阵列完成下部楼梯绘制,如图 17-36 所示。

228

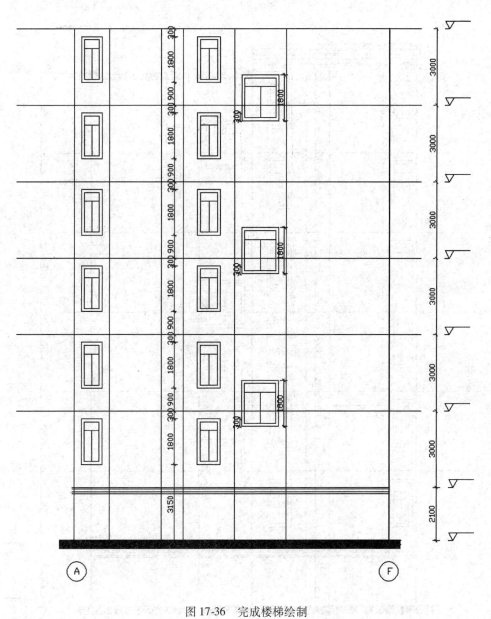

图 17-36　完成楼梯绘制

⑤ 绘制屋面。

屋面处的腰线用细实线绘制,尺寸为 60mm。屋脊线用粗实线绘制,可以使用相对极坐标方法绘制,如图 17-37 所示。

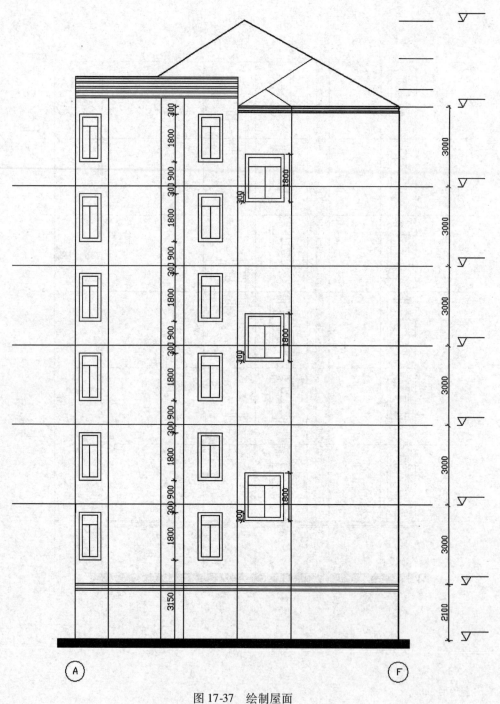

图 17-37　绘制屋面

⑥ 进行尺寸、标高标注完成作图，如图 17-31 所示。

项目三　建筑剖面图实例

剖面图是指用一个假想的平面，将物体剖切，移去观察者与假想平面间的部分，对剩余的部分进行投影所得到的图形。

以图 17-38 为例说明剖面图的绘制方法及步骤如下:

1. 绘制图框

剖面图的图框与立面图相同,直接复制一个立面图作为剖面图的图框。

2. 绘制轴线

剖面图的轴线部位同于立面图,其仅与立面图的外墙线相同,所以需要重新绘制轴线,剖面图反映的建筑物内部的构造,需要通过平面图、立面图结合来绘制剖面图的轴线。但是,剖面图与立面图和平面图有些图形的图层不同,所以复制时只能选择相同的复制,然后再根据平面图、立面图的尺寸绘制出剖面图的轴线,如图 17-38 所示。

3. 绘制墙体

使用多线命令绘制墙体,命令提示如下:

命令:MLINE↙
当前设置:对正 = 无,比例 = 1.00,样式 = STANDARD
指定起点或:[对正(J)/比例(S)/样式(ST)]:
指定下一点:
指定下一点或[放弃(U)]:

绘制结果如图 17-39 所示。

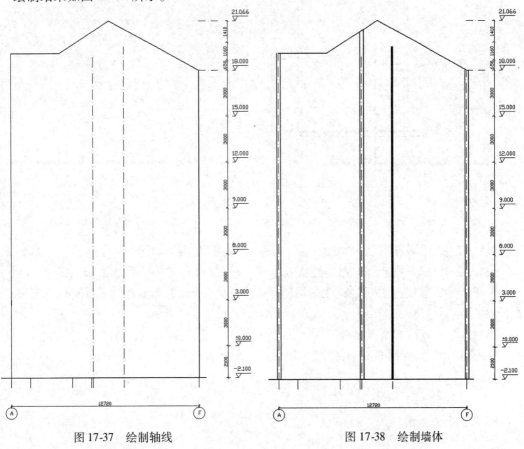

图 17-37　绘制轴线　　　　　　　　图 17-38　绘制墙体

4. 绘制楼板及楼梯

（1）绘制楼板

楼板厚度为 150mm，先将地面、一层楼板、顶层楼板绘制出来，使用多段线命令，如图 17-40 所示。

（2）绘制楼梯

首先绘制第一跑楼梯踏步，尺寸为：175mm × 260mm。注意踏步起点的定位，如图 17-41 所示。

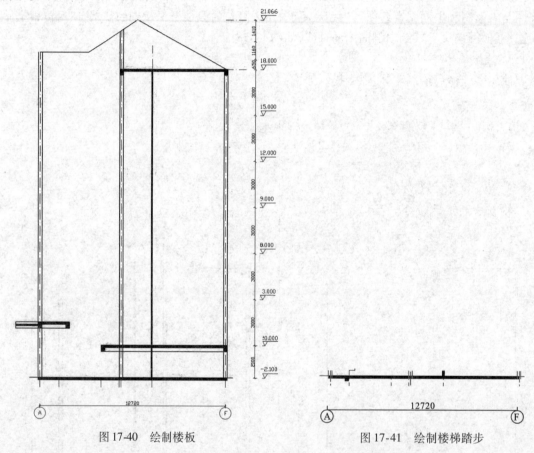

图 17-40　绘制楼板　　　　　　　　　　　　图 17-41　绘制楼梯踏步

然后，使用"矩形阵列"命令，绘制整个楼梯，"阵列"对话框如图 17-42 所示。

最后，使用"图案填充"命令，将楼梯板绘制出来，并画上楼梯扶手，如图 17-43 所示。

接着绘制二层楼梯，方法与一层相同，注意二层楼梯的尺寸为：166.7mm × 270mm，如图 17-44 所示。

（3）绘制 3～6 层楼板及楼梯

使用阵列命令，直接绘制上部图形，如图 17-45 所示。

232

5. 开门窗洞口编辑剖面图

绘制门窗洞口、并编辑绘制好的剖面图。屋面板使用多段线绘制,多段线线宽100mm,如图17-45所示。

6. 文字编辑、标注

对图17-46进行文字编辑和标注完成作图,如图17-47所示。

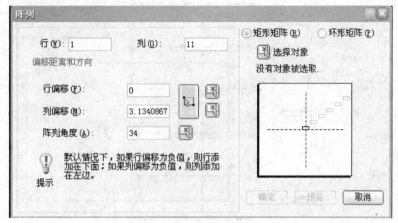

图17-42　"阵列"对话框

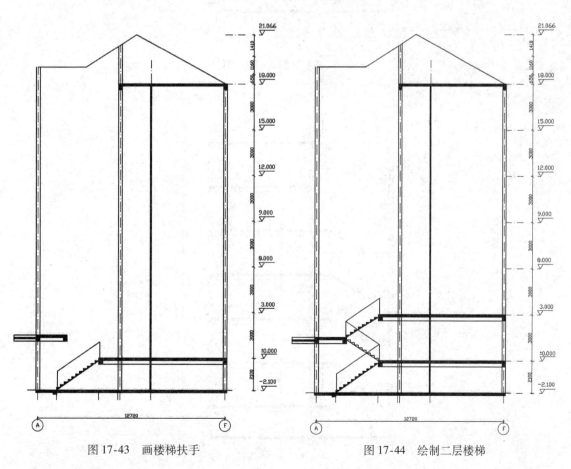

图17-43　画楼梯扶手　　　　　　　　图17-44　绘制二层楼梯

233

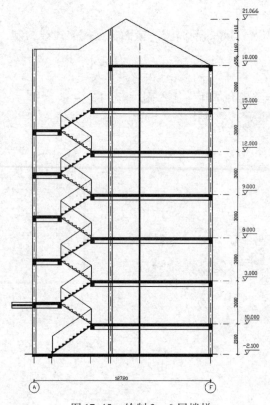

图 17-45　绘制 3~6 层楼梯

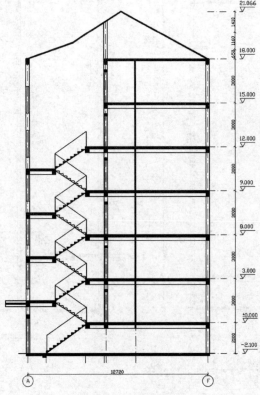

图 17-46　绘制屋板

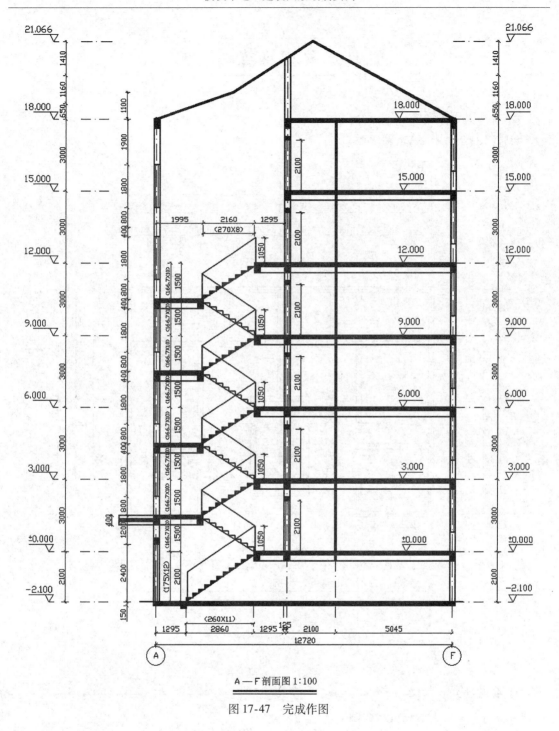

A—F 剖面图 1:100

图 17-47　完成作图

小　结

　　通过本模块的学习,用户掌握了建筑平面图、立面图和剖面图的绘图步骤,在完成实例的过程中了解了绘制建筑图形一些技巧,提高绘制图形的效率。

拓展训练

一、绘制建筑平面图

绘制图 17-48 所示建筑平面图。

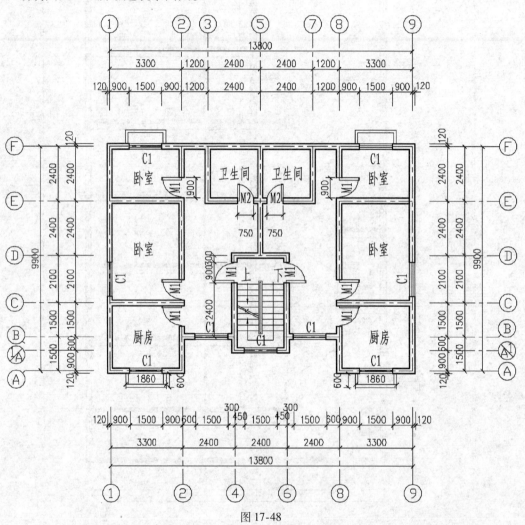

图 17-48

二、绘制建筑立面图

绘制图 17-49 所示建筑立面图。

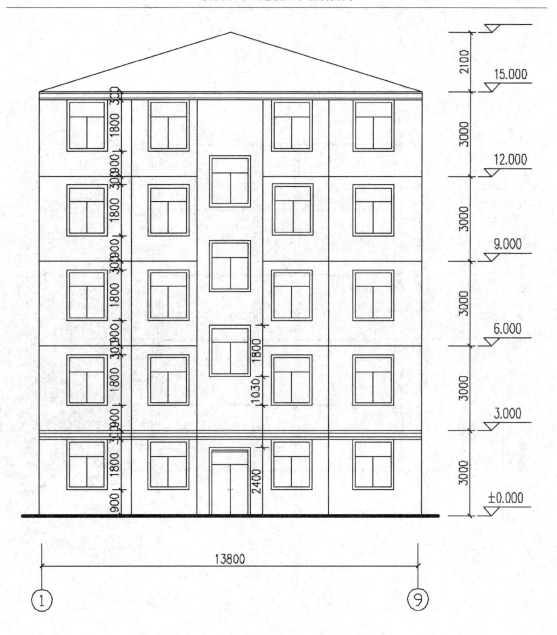

①—⑨立面图 1:100

图 17-49

三、绘制建筑剖面图

绘制图 17-50 所示建筑立面图。

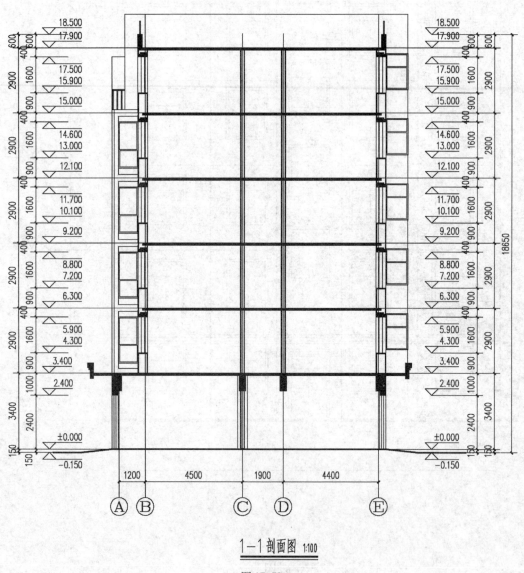

1—1 剖面图 1:100

图 17-50

模块十八 扩展工具

扩展工具是中望 CAD 软件上的一个增强型工具菜单,集合了数十种快捷命令,从而使中望的用户能加快使用中望 CAD 软件的绘图速度,提高工作效率。

以下将有针对性的介绍扩展工具菜单中的一些常用快捷命令。

项目一 图层工具

一、图层状态管理

打开"图层状态管理器"对话框的命令有:

① 按钮: 。

② 菜单:扩展工具→图层工具→图层状态管理。

③ 命令:LAYERSTATE。

通过图层管理,用户可以保存、恢复图层状态信息,同时还可以修改、恢复或重命名图层状态。图层状态保存在图形文件中,还可以输出为 LAY 文件,或从 LAY 文件中输入。执行该命令后,打开"图层状态管理器"对话框,如图 18-1 所示。

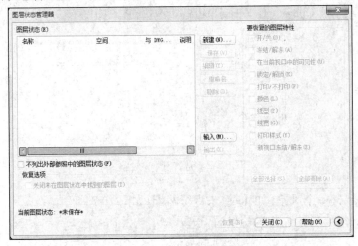

图 18-1 "图层状态管理器"对话框

下面对"图层状态管理器"对话框中的各选项进行进行介绍:

"不列出外部参照中的图层状态":控制图层状态列表中是否显示外部参照中的图层状态。

"新建":打开"要保存的新图层状态"对话框,创建图层状态的名称和说明。

"保存":保存选定的命名图层状态。

"编辑":打开"要编辑的图层状态"对话框,修改选定的图层状态。

"重命名":编辑选定的图层状态名。

"删除":删除选定的命名图层状态(可以多选)。

"输入":打开标准文件选择对话框,从中可以将先前输出的图层状态(LAS)文件加载到当前图形。可输入 DWG 文件中的图层状态。输入图层状态文件可能导致创建其他图层,但不会创建线型。选定 DWG 文件后,将打开"选择图层状态"对话框,从中可以选择要输入的图层状态。

输出:打开标准文件选择对话框,从中可以将选定的命名图层状态保存到图层状态(LAS)文件中。

要恢复的图层特性:指定恢复选定命名图层状态时,要恢复的图层状态设置和图层特性。在"模型"选项卡上保存图层状态时,"当前视口中的可见性"复选框不可用。在"布局"选项卡上保存图层状态时,"开/关"和"冻结/解冻"复选框不可用。

二、图层匹配

图层匹配的命令启动方式有:

① 按钮:![]。

② 菜单项:扩展工具→图层工具→图层匹配。

③ 命令行:LAYMCH。

使选定对象所在的图层与选定的目标对象所在的图层相匹配。

如实例:选择图 18-2 所示的 doors 对象。

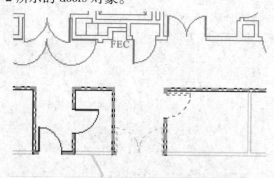

图 18-2　选择 doors 对象

在图层当中选择一个对象(如 door)来进行匹配,如图 18-3 所示。

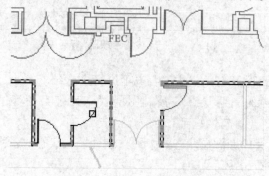

图 18-3　选择一个对象匹配

doors 对象被匹配到选定对象所在的图层,如图 18-4 所示。

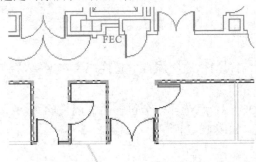

图 18-4 已匹配到选定对象所在的图层

三、图层隔离

图层隔离的命令启动方式有:

① 按钮: 。

② 菜单项:扩展工具→图层工具→图层隔离。

③ 命令行:LAYISO。

执行该命令后,选取要隔离的图层对象,该对象所在图层即被隔离。其他图层中的对象被关闭。

其他比较实用的图层命令:

将对象的图层置为当前(LAYMCUR):在实际绘图中,有时绘制完某一图形后,会发现该图形并没有绘制到预先设置的图层上。此时,执行命令可以将选中的图形改变到当前图形中。

改层复制(COPYTOLAYER):用来将指定的图形一次复制到指定的新图层中。

关闭对象图层(LAYOFF):执行该命令后可使图层关闭。

打开所有图层(LAYON):执行该命令后,可将关闭的所有图层全部打开。

冻结对象图层(LAYFRZ):执行该命令后可使图层冻结,并使其不可见,不能重生成,也不能打印。

解冻所有图层(LAYTHW):执行该命令后,可以解冻所有图层。

图层锁定(LAYLCK):执行该命令后,可锁定选定对象所在的图层。

图层解锁(LAYULK):执行该命令后,可通过选择锁定图层上的对象来解锁该对象所在的图层。

图层合并(LAYMRG):将选定的第一图层的所有对象移至选定的第二图层中。选定的第一图层将从图形中清除。

图层删除(LAYDEL):删除指定图层中的所有对象并将该图层从图形中删除。

项目二 图块工具

分解属性为文字的命令启动方式有:

① 按钮：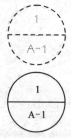

② 菜单项：扩展工具→图块工具→分解属性为文字。

③ 命令行：BURST。

分解图块。若图块中包含属性，就将属性值转换成文本文字，否则就只分解图块。

将属性分解并转换成文本对象，选择一个包含两种属性的图块，图块被分解，属性值转换成文字，如图 18-5 所示。

图 18-5　分解图块

小提示：

> BURST 和 EXPLODE 命令的功能相似，但是 EXPLODE 会将属性值分解回属性标签，而 BURST 将之分解回的却仍是文字属性值。

其他常用图块工具：

改块颜色（CHGBCOL）：修改指定图块的颜色。

改块线宽（CHGBWID）：修改指定图块的线宽，如图 18-6 所示。

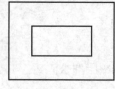　　

初始图块　　　　　　　　　修改图块线宽之后

图 18-6　改块线宽

改块文字角度（CHGBANG）：修改指定图块的文字角度，如图 18-7 所示。

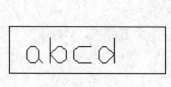　　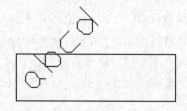

初始图块　　　　　　　　　修改图块中的文字角度之后

图 18-7　改块文字角度

改块文字高度（CHGBHEI）：修改指定图块的文字高度，如图 18-8 所示。

　　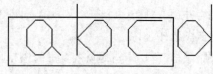

初始图块　　　　　　　　　修改图块中的文字高度之后

图 18-8　改块文字高度

改块图层（CHGBLAY）：修改指定图块的图层。

项目三 文本工具

一、调整文本

调整文本的命令启动方式有：

① 按钮：ABC。

② 菜单项：扩展工具→文本工具→调整文本。

③ 命令行：TEXTFIT。

以指定的长度来拉伸或压缩选定的文本对象。

二、合并成段

合并成段的命令启动方式有：

① 按钮：。

② 菜单项：扩展工具→文本工具→合并成段。

③ 命令行：TXT2MTXT。

将一行或多行文字合并成多行文本，如图 18-9 所示。

Normal text to

be converted

to Mtext

Normal text to

be converted

to Mtext

选取文字项　　　　　　　　　　　　　合并成多行文本

图 18-9 一行或多行文字合并成多行文本

三、弧形文本

弧形文本的命令启动方式有：

① 按钮：ABC。

② 菜单项：扩展工具→文本工具→弧形文本。

③ 命令行：ARCTEXT。

弧形文本主要是针对装修、钟表、广告设计等行业而开发出的弧形文字功能。

操作步骤：

先使用 ARC 命令绘制一段弧线，再执行 ARCTEXT 命令，系统提示"选择一个弧线或弧线对齐文本"，确定对象后将打开如图 18-10 所示"弧线对齐文字"对话框。

根据之前图中的弧线，绘制两端对齐的弧形文字，设置如图 18-11 所示。

在后期编辑中，所绘制的弧形文字有时还需要调整，可以通过属性框来简单调整属性，也可以通过弧形文字或相关联的弧线夹点来调整位置。

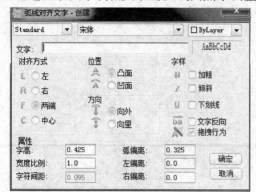

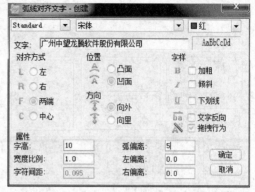

图 18-10　"弧线对齐文字"对话框　　　　图 18-11　文字为两端对齐的弧形文字

　　属性框里的调整：中望 CAD 为弧形文字创建了单独的对象类型，并可以直接在属性框里修改属性。如直接修改文本内容，便会根据创建弧形文字时的设置自动调整到最佳位置。

　　夹点调整：选择弧形文字后，可以看到三个夹点，左右两个夹点，可以分别调整左右两端的边界，而中间的夹点则可以调整弧形文字的曲率半径。如调整了右端点往左，曲率半径变化。

　　此外，弧形文字与弧线之间存在关联性，可以直接拖动弧线两端夹点来调整，弧形文字将自动根据创建时的属性调整到最佳位置。图 18-12 所示为调整前后的弧形文字对比。

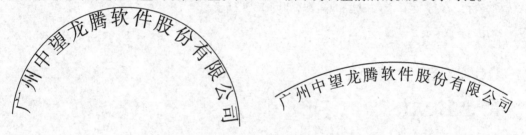

图 18-12　调整前后的弧形文字对比

　　其他各选项介绍如下：

　　文字：输入文字内容。

　　对齐方式：设置文字与弧的对齐方式，分别有左、右、两端以及中心对齐四种方式。

　　位置：控制文字在弧线的内部还是外部。

　　方向：控制弧形文字的方向。

　　字样：为弧形文字设置加粗、倾斜、下画线等效果。

　　文字反向：将指定的文字以输入的反方向显示。

　　拖动行为：控制弧线移动时文本的变化。

　　属性：设置弧形文字的字高、宽度比例、文字间距、弧与文字之间的偏离距离，以及文字与弧左右两端的偏离距离。

　　其他常用的文本工具：

　　对齐方式（TJUST）：对齐文字，不改变文字的位置。可对齐的对象有单行文字，多行文字、标注和对象的属性。

　　旋转文本(TORIENT):将文本,多行文本标注和图块属性等对象按新的方向排列。旋转文本、多行文本标注和图块属性等对象的方向,让其尽可能靠近水平线或者右端对齐(与标注文本类似)。对象围绕着自身的中心点旋转正180°,如果文本是右边向下的,就会在执行了 TORIENT 命令之后右侧向上。类似的,从左到右的文本会变成从右到左。整个对象的位置没有改变。作为一个选项,可以为所有选定的文本对象指定一个新的方向角度,如图 18-13 所示。

图 18-13　旋转文本

　　自动编号(TCOUNT):对文本对象添加连续的编号。编号可以前置,后置或者覆盖文本。

　　如实例:起始编号 = 1,增量 = 1,编号前置,如图 18-14(a)所示;起始编号 = 20,增量 = -10,编号后置,如图 18-14(b)所示。

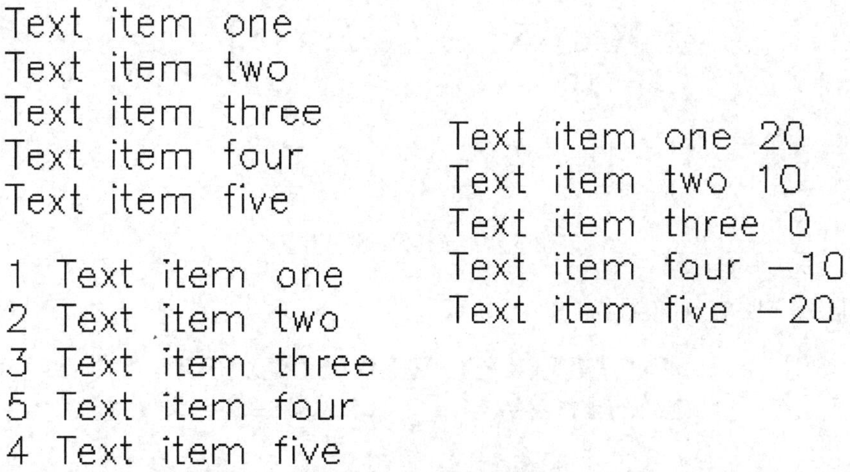

图 18-14　实例一

起始编号 =2,增量 =2,覆盖文本,如图 18-15 所示。

注意,自动编号功能只针对阿拉伯数字起作用。

文本形态(TCASE):改变选定文本的形态,多行文本标注,属性和标注文本,如图 18-16 所示为改变文本大小写。

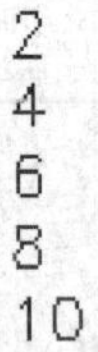

图 18-15　实例二　　　　　　　　图 18-16　改变文本大小写

用户可从中选择要改变文本的状态选项,来改变选中的文本对象。

当前字体(CURSTYLE):显示指定单行文字或多行文字对象所使用的字体样式。

修改字高(CHGTHEI):指定选取 TEXT 或 MTEXT 对象的字高。

如实例:修改单行文字和多行文字的字高。

选择 TEXT 和 MTEXT 对象,如图 18-17 所示;指定字高为 5,如图 18-18 所示。

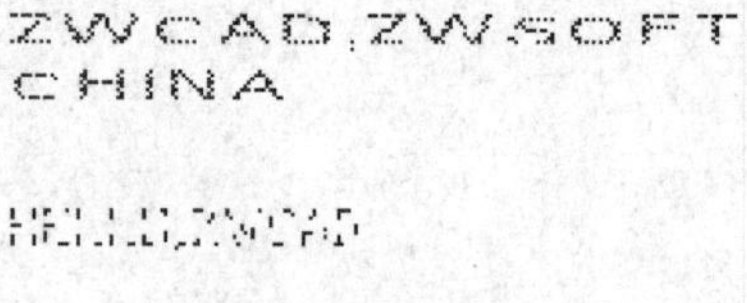

ZWCAD,ZWSOFT
CHINA

HELLO,ZWCAD

ZWCAD,ZWSOFT
CHINA
HELLO,ZWCAD

图 18-17　选择对象 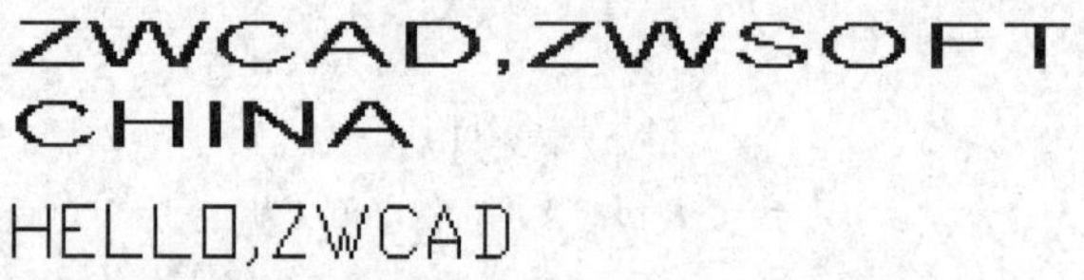　　　　　　　　　　图 18-18　指定字高

匹配字高(MATHEI):修改目标文字对象的字高为源文字对象的字高。

如实例:以单行文字的字高来匹配多行文字的字高。

选择源 TEXT 对象,如图 18-19 所示。

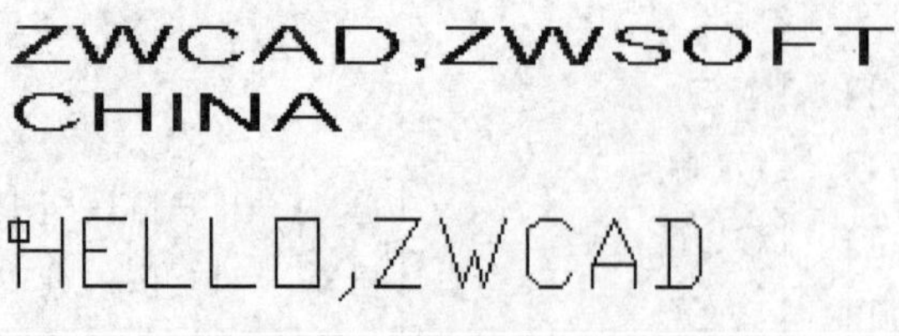

ZWCAD,ZWSOFT
CHINA

HELLO,ZWCAD

图 18-19　选择源 TEXT 对象

指定目标 MTEXT 对象,如图 18-20 所示。

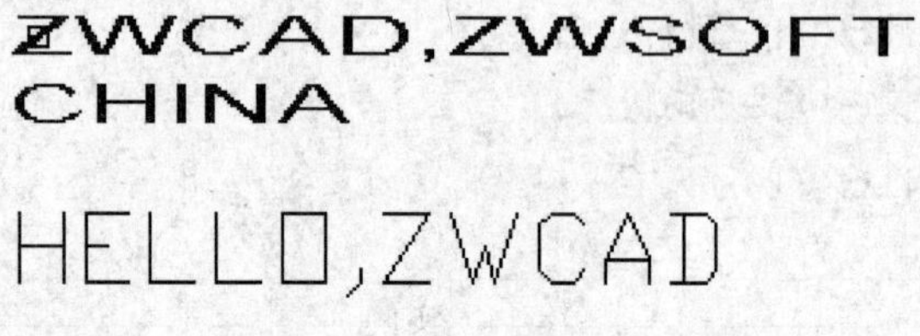

ZWCAD,ZWSOFT
CHINA

HELLO,ZWCAD

图 18-20　指定目标 MTEXT 对象

结果,如图 18-21 所示。

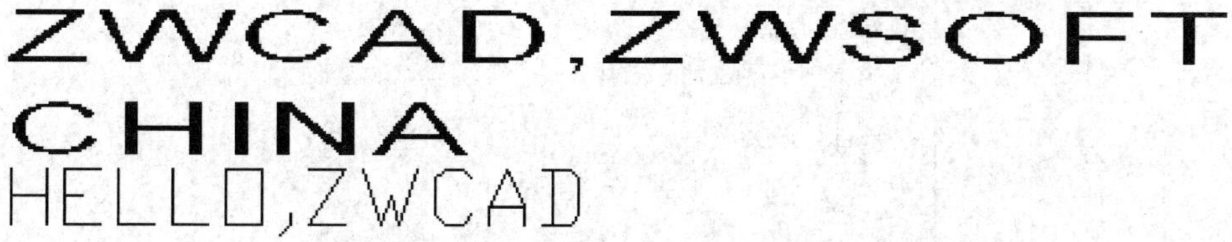

图 18-21　结果

对齐文字(TXTALIGN):以指定的对齐方式和对齐点对齐指定的单行文字对象。

文字变线(TXTEXP):将文本或多行文本分解为可以赋值厚度和高度的多段线。

如实例:

选取文本,如图 18-22 所示;文本文字被分解为线段和弧线,如图 18-23 所示。

图 18-22　选取文本 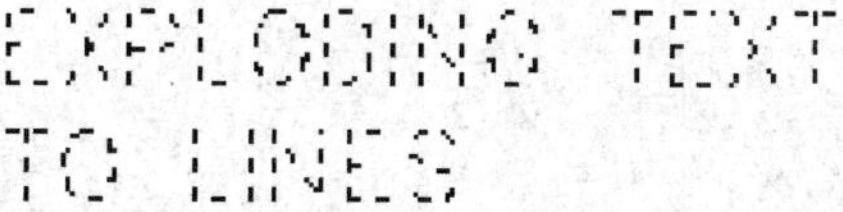　　　　　　　　　图 18-23　分解

多行转单(MTEXP):将多行文字对象转换为单行文字对象。

加下画线(TXTULINE):为单行文字对象添加下画线。

如实例:为单行文字添加下画线。

选择 TEXT 对象,如图 18-24 所示;结果如图 18-25 所示。

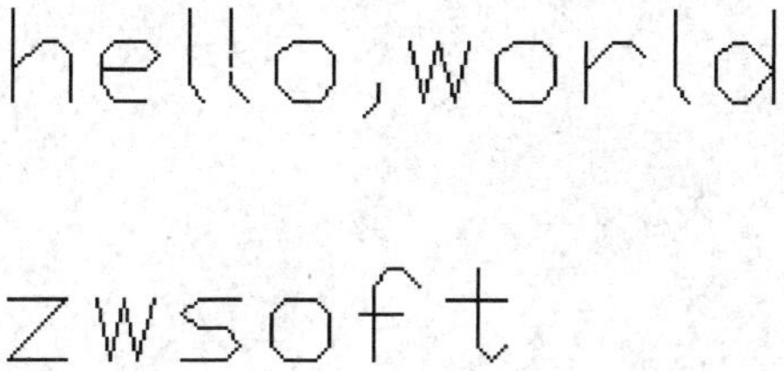

图 18-24　选择对象 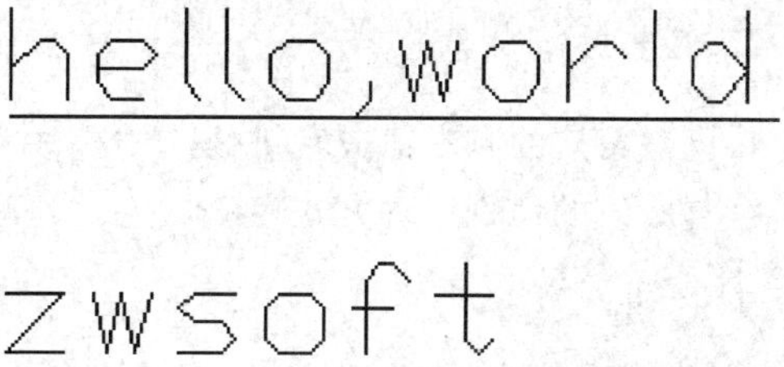　　　　　　　　　图 18-25　结果

项目四　标注工具

一、标注样式输出

将指定的标注样式及其设置输出到一个外部文件中。

标注样式输出的命令启动方式有:

① 按钮:。

② 菜单项:扩展工具→标注工具→标注样式输出。

③ 命令行:DIMEX。

执行该命令后,打开如图 18-26 所示对话框。

图 18-26 "标注样式输出"对话框

其中各选项的意义如下：

输出文件名：创建一个打开的 DIM 文件。输入 DIM 文件名或者单击"浏览"来查找文件。如果文件名不存在，就生成一个新的文件。如果文件存在，会出现允许或跳过的提示。新文件是一个 ASCII 文件。

可用标注样式：选择要输入 ASCII 文件的标注样式。在列表框中显示了当前图形中存在的所有标注样式。在输出文件名列表中已注明每一个选定的输入文件样式。

文本样式选项：将标注样式文本的全部信息或者仅将文本样式名称保存入 ASCII 文件中。

二、恢复原值

将已被替换的测量值或者被修改的标注文本恢复原值。

恢复原值的命令启动方式有：

① 按钮：。

② 菜单项：扩展工具→标注工具→恢复原值。

③ 命令行：DIMREASSOC。

三、标注翻转

翻转标注文字。

标注翻转的命令启动方式有：

① 按钮：。

② 菜单项：扩展工具→标注工具→标注翻转。

③ 命令行：DIMTXTREV。

执行命令后，命令行提示如下：

选择标注：选择一个或多个标注后按【Enter】键结束选择。

如实例：翻转标注文字。

选择 2 个标注，如图 18-27 所示；结果如图 18-28 所示。

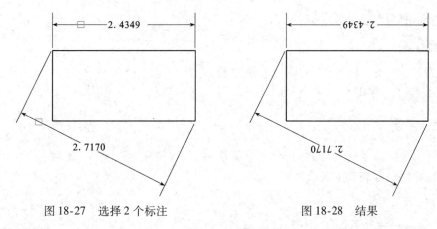

图 18-27　选择 2 个标注　　　　　　图 18-28　结果

四、标注颜色

修改标注文字的颜色。标注颜色的命令启动方式有：

① 按钮：⊞。

② 菜单项：扩展工具→标注工具→标注颜色。

③ 命令行：DIMTXTCOL。

五、增删边线

增加或删除标注的尺寸界线。增删边线的命令启动方式有

① 按钮：⊞。

② 菜单项：扩展工具→标注工具→增删边线。

③ 命令行：DIMASBX。

如实例：标注样式默认的标注，如图 18-29（a）所示；全增尺寸界线后的标注，如图 18-29（b）所示；删除尺寸界线后的标注，如图 18-29（c）所示。

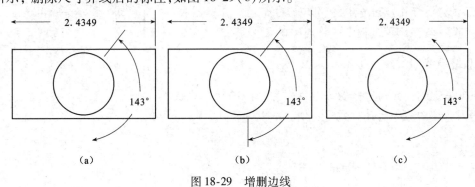

图 18-29　增删边线

项目五　编辑工具

一、多重复制

在设置了重复、阵列、间距以及个数后，批量复制多个对象。

多重复制的命令启动方式有：

① 按钮：![按钮]。

② 菜单项：扩展工具→编辑工具→多重复制。

③ 命令行：COPYM。

二、增强偏移

该增强偏移的命令比标准的命令(包括图层控制,取消和多选项等)优越。

增强偏移的命令启动方式有：

① 按钮：![按钮]。

② 菜单项：扩展工具→编辑工具→增强偏移。

③ 命令行：EXOFFSET。

三、删除重复对象

删除图纸中重复或部分重叠的对象。

删除重复对象的命令启动方式有：

① 按钮：![按钮]。

② 菜单项：扩展工具→编辑工具→删除重复对象。

③ 命令行：OVERKILL。

执行该命令后,打开如图 18-30 所示对话框。

公差：可输入判断重复对象的最小距离。

忽略图层：在比较过程中忽略对象的图层。

忽略颜色：在比较过程中忽略对象的颜色。

忽略打印样式：在比较过程中忽略对象的打印样式。

忽略线宽：在比较过程中忽略对象的线宽。

忽略线型：在比较过程中忽略对象的线型。

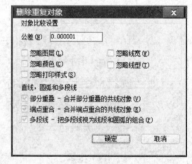

图 18-30　"删除重复对象"对话框

四、增强剪切

根据指定的边界对象修剪该边界对象一侧的相交对象。

增强剪切的命令启动方式有：

① 按钮：![按钮]。

② 菜单项：扩展工具→编辑工具→增强剪切。

③ 命令行：EXTRIM。

如实例：画一些重叠的圆和交叉线段,在内部指定剪切点。

选择一个圆定义剪切边界,如图 18-31(a)所示；在圆内部指定一点,如图 18-31(b)所示；圆内部的对象被剪切,如图 18-31(c)所示。

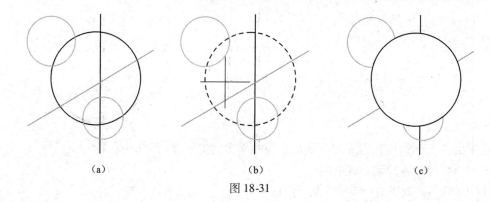

图 18-31

五、增强缩放

以指定的 X、Y 比例缩放指定的实体对象,同时保证当前图形中的所有对象都在当前视图中显示,其他对象可根据当前视图的比例自动缩放。

增强缩放的命令启动方式有:

① 按钮: 。

② 菜单项:扩展工具→编辑工具→增强缩放。

③ 命令行:EXSCALE。

项目六　绘图工具

一、折断线

创建多段线对象,并在该线段中插入折断线的标志。

折断线的命令启动方式有:

① 菜单项:扩展工具→绘图工具→折断线。

② 命令行:BREAKLINE。

该命令还提供了多个选项,以控制折断线折断符号的形状、尺寸以及延伸距离。

折断线功能实现较为简单,下面针对怎样自定义折断线标志进行介绍:

① 画一条折断线标志,如图 18-32 所示。

② 指定当前 Defpoint 图层,如图 18-33 所示。如果不存在,新建一个并设定为当前。

③ 用 POINT 命令来制定连接线段的每个点,仅用两点,如图 18-34 所示。

图 18-32　折断线标志　　　图 18-33　指定当前 Defpoints 图层　　　图 18-34　制定连接线段后每个点

④ 用步骤 1 和步骤 3 中创建的对象建立新的图块,如图 18-35 所示。

注意:DIMSCALE 系统的当前设置可以灵活控制折断线的最终大小,如图 18-36 所示。

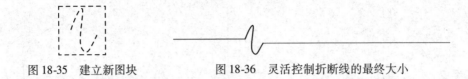

图 18-35　建立新图块　　　　　图 18-36　灵活控制折断线的最终大小

二、修订云线

绘制由多个圆弧连接组成的云线形多段线对象,如图 18-37 所示。

修订云线的命令启动方式有:

① 菜单项:扩展工具→绘图工具→修订云线。

② 命令行:REVCLOUD。

三、连接线段

以直线或圆弧连接两条线段或圆弧。圆弧只和有交点或延伸交点的直线相连接。

链接线段的命令启动方式有:

① 按钮: ⌐。

② 菜单项:扩展工具→绘图工具→连接线段。

③ 命令行:JOINL。

两条平行的直线段由圆弧连接,如图 18-38 所示。

图 18-37　云线形多段线对象　　　　　图 18-38　两条平行的直线段由圆弧连接

两条不平行的直线段直接延伸后连接,图 18-39(a)所示为连接前,图 18-39(b)所示为连接后。

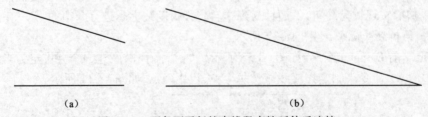

(a)　　　　　　　　　　　　　　　　　(b)

图 18-39　两条不平行的直线段直接延伸后连接

一条直线和一条圆弧连接,图 18-40(a)所示为连接前,图 18-40(b)所示为连接后。

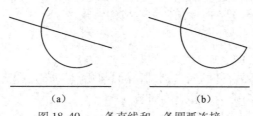

（a）　　　　　　　（b）

图 18-40　一条直线和一条圆弧连接

四、角平分线

为两条直线绘制角平分线。

角平分线的命令启动方式有：

① 按钮：。

② 菜单项：扩展工具→绘图工具→角平分线。

③ 命令行：ANGDIV。

若两条直线平行，则绘制与直线平行的角平分线。

如实例：为两条非平行的直线绘制角平分线，如图 18-41 所示。

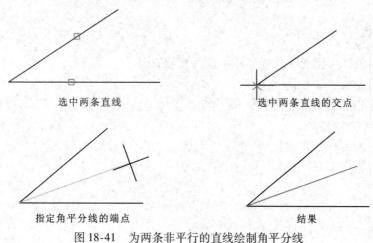

选中两条直线　　　　　　　　　　选中两条直线的交点

指定角平分线的端点　　　　　　　　　　结果

图 18-41　为两条非平行的直线绘制角平分线

五、生成弧缺

根据已有的圆弧，生成能构成一个圆的另一部分圆弧。

生成弧缺的命令启动方式有：

① 按钮：。

② 菜单项：扩展工具→绘图工具→生成弧缺。

③ 命令行：ARCCMP。

六、删除

生成能与源圆弧组成一个圆的圆弧，删除源圆弧对象，只保留生成的弧缺。图 18-42（a）

所示圆弧为源圆弧,图 18-42(b)所示圆弧为生成的弧缺。

七、合并

将生成的弧缺与源圆弧合并为一个圆,删除源圆弧与生成的弧缺对象。图 18-43(a)中圆弧为源圆弧,图 18-43(b)中圆为合并后的对象。

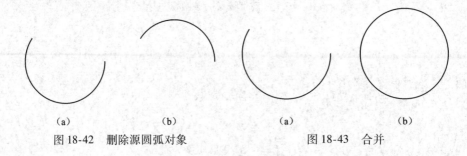

| (a) | (b) | (a) | (b) |

图 18-42　删除源圆弧对象　　　　　　图 18-43　合并

八、保留

生成能与源圆弧组成一个圆的圆弧,源圆弧和生成的圆弧都保留。图 18-44 所示半圆弧为保留的源圆弧,上半圆弧为生成的弧缺。

九、虚实变换

控制指定对象的线型为实线线型还是虚线线型。

虚实变换的命令启动方式有:

① 菜单项:扩展工具→绘图工具→虚实变换。

② 命令行:CON2DASH。

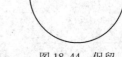

图 18-44　保留

若选择对象的线型是实线线型,该命令将其转换为虚线线型,反之就转换为实线线型。

十、消除重线

该功能删除相同图层的重叠圆、弧以及直线。

消除重线的命令启动方式有:

① 按钮: 。

② 菜单项:扩展工具→绘图工具→消除重线。

③ 命令行:DELDUPL。

十一、修改线型比例

修改对象的线型比例因子。

修改线型比例的命令启动方式有:

① 菜单项:扩展工具→绘图工具→修改线型比例。

② 命令行:CHGLTSCA。

图 18-45(a)所示为源对象,图 18-45(b)所示为修改了线型比例因子的对象。

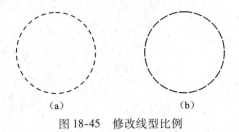

　　　　(a)　　　　　　　　　(b)

图 18-45　修改线型比例

项目七　定制工具

一、编辑命令别名

提供可视化的命令别名编辑界面。

编辑命令别名的命令启动方式有：

① 按钮：

② 菜单项：扩展工具→定制工具→编辑命令别名。

③ 命令行：ALIASEDIT。

执行该命令后，打开如图 18-46 所示对话框。

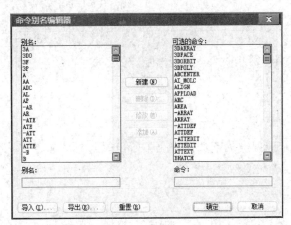

图 18-46　"命令别名编辑器"对话框

　　操作步骤：以"直线"命令为例说明别名如何定制：

　　单击"新建"按钮，激活"别名"和"命令"提示行；先在"命令"处填写 LINE，再在"别名"处填写 QQ，单击"添加"按钮，这样"直线"命令的别名由原来的 L，又多了一个 QQ。即输入 QQ，也能执行"直线"的命令。

　　注：进行别名定制的时候，不能与已有的命令别名重复，否则软件将不识别。

二、制作线型

在选定的对象上建立线型。

制作线型的命令启动方式有：

① 按钮：![按钮图标]。

② 菜单项：扩展工具→定制工具→制作线型。

③ 命令行：MKLTYPE。

如实例：建立一个带文本的线型。

输入文件名，线型名称和线型描述之后，指定定义直线的端点和终点，如图 18-47 所示。指定定义线型的线段和文本对象，如图 18-48 所示。

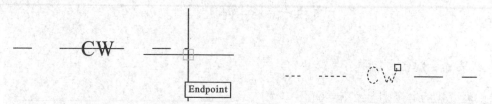

图 18-47　输入文件名　　　　　图 18-48　指定定义线型的线段和文本对象

线型制作完成，如图 18-49 所示。

三、填充擦除

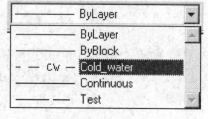

将填充对象中的填充颜色或图案清除，还原到未填充之前的状态。

① 按钮：![按钮图标]。

② 菜单项：扩展工具→定制工具→填充擦除。

③ 命令行：DELHATCH。

图 18-49　线型制作完成

四、统计块数

统计当前图形、指定图层或当前选择集合中所包含的图块个数。

统计块数的命令启动方式有：

① 按钮：![按钮图标]。

② 菜单项：扩展工具→定制工具→统计块数。

③ 命令行：BLOCKSUM。

选择集：统计指定选择集中所包含的图块个数。

整图：统计当前图形文件中所包含的所有图块个数。

五、文件比较

比较两张图纸，并用不同的颜色显示出比较的结果。

文件比较的命令启动方式有：

① 按钮：![按钮图标]。

② 菜单项：扩展工具→定制工具→文件比较。

③ 命令行：FCMP。

执行命令后，打开如图 18-50 所示对话框。

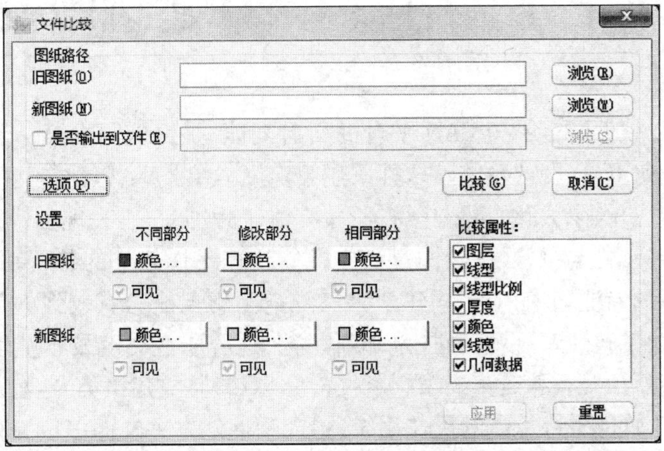

图 18-50　"文件比较"对话框

图纸路径：显示图纸路径。

旧图纸：通过"浏览"按钮，在标准的"打开"对话框中选择原图纸。

新图纸：通过"浏览"按钮，在标准的"打开"对话框中选择修改后的新图纸。

是否输出到文件：选中该复选框后，通过"浏览"按钮，在"创建文件"指定文件名称和保存路径。然后单击"比较"按钮，图纸对比结果将以 .csv 文件格式输出到指定路径。用户可通过 Microsoft Excel 查看比较结果。

选项：展开或折叠比较设置选项。

设置：指定要进行比较的设置。

颜色：设置要比较部分的颜色。

可见：显示要比较的部分。

比较属性：列出实体的属性项，设置需要比较的实体属性。

应用：将比较选项中的设置应用到图纸比较中。

重置：恢复比较选项中设置的修改，使其还原到最初的设置。

比较：根据比较设置对所选的图纸进行比较。

模块十九　中望 CAD 建筑版简介

中望建筑 CAD 软件涵盖中望 CAD 平台的所有功能,是目前国内第一套从底核平台到专业设计一体化的建筑 CAD 设计系统。软件采用自定义对象技术,以建筑构件作为基本设计单元,具有人性化、智能化、参数化、可视化特征,集二维工程图、三维表现和建筑信息于一体。具备较强的学习性、趣味性与可视性,绘图过程中既能快速掌握软件的各个功能操作,又能快速学习各类建筑构件的专业知识,对于构建学生三维空间想象能力有较强的帮助作用。软件与行业应用贴合,反映了行业新规范、新技术和新工艺,适合职业类院校示范院校建设建筑工程技术专业人才培养目标及教学改革要求;软件亦适合高等院校建筑类专业教育教学研究使用。

中望建筑 CAD 软件支持主流的操作系统,最大程度地发挥硬件多核、高内存的性能,同时汇集了建筑设计行业专用功能和丰富的图库,显著加快设计效率,极大提升用户的设计能力。

在集成了中望 CAD 全部功能的基础上,中望建筑 CAD 软件更具有如下特色:

① 深度兼容主流建筑软件的操作习惯和文件格式。

② CAD 平台软件,即可直接打开和显示中望建筑 CAD 软件的图纸,无需插件支持。

③ 采用自定义剖面对象并提供绘图工具,让剖面绘图与编辑更智能。

④ 门窗整理系列、智剪轴网、在位编辑等特色功能,让建筑设计更方便、快捷。

图 19-1 所示为中望 CAD 建筑版的界面。

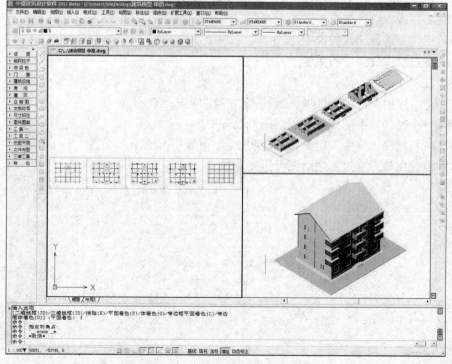

图 19-1　中望 CAD 建筑版的界面

中望 CAD 建筑版采用新一代中望 CAD 软件平台,在占用内存和 CPU 资源消耗上,比同类软件更少,能快速打开与运行更大的工程图纸。同时,中望建筑 CAD 软件提供一系列辅助绘图工具,使建筑设计更高效灵活。

项目一　超强兼容

参数化编辑:深度兼容清华斯维尔建筑图纸与天正建筑图纸(TArch3 – TArch8),直接参数化编辑这些建筑软件所生成的自定义实体。

无插件依赖:无需任何插件,纯 CAD 平台即可直接打开中望建筑 CAD 软件所生成的图纸,而不丢失任何图元构件。

双向兼容:中望建筑 CAD 软件支持将图档数据转换为天正建筑图纸格式,可用于其他建筑设计软件对图纸继续设计,如图 19-2 所示。

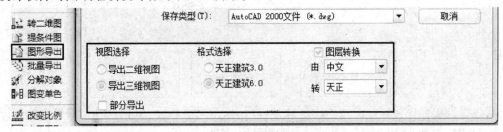

图 19-2　双向兼容

项目二　界面定制

屏幕菜单采用"折叠式"两级结构形式,菜单结构清晰、图文并茂,支持右击及滚轮快捷调用与切换子菜单。中望建筑 CAD 软件提供"标注菜单"、"立面剖面"、"总图平面"三种个性菜单,并支持用户自定义配置屏幕菜单,如图 19-3 所示。

图 19-3　个性菜单

中望建筑 CAD 软件遵循屏幕菜单创建,右键菜单编辑的原则,右键菜单中功能丰富,根据不同对象类型,弹出与之对应的编辑命令,减化操作步骤,显著提升操作效率,如图 19-4 所示。

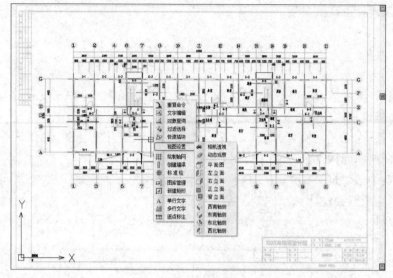

图 19-4　丰富的菜单功能

状态栏直接操作建筑绘图中常用的比例控件,以及对墙基线、填充、加粗、编组和动态标注五个控制按钮,如图 19-5 所示。快速切换图面显示效果。

图 19-5　状态栏

项目三　标准规范

中望建筑 CAD 软件,制定了标准中文和标准英文两个图层标准,同时还支持应用广泛的天正图层标准,三者之间可以互相转换,如图 19-6 所示。

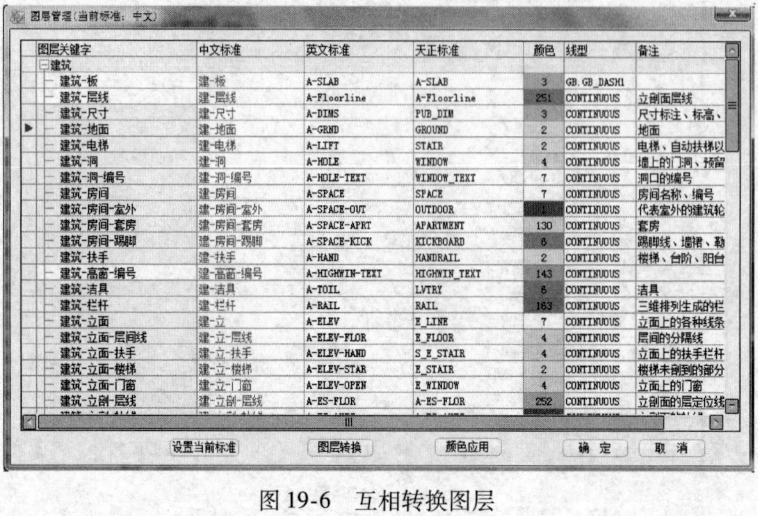

图 19-6　互相转换图层

　　提供丰富的建筑图块、图案、高效易用的图库和图案管理系统,可有效地组织、管理和使用这些设计素材,如图 19-7 和图 19-8 所示。

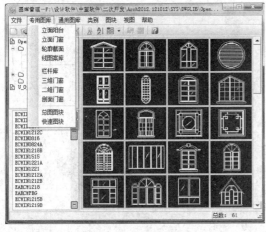

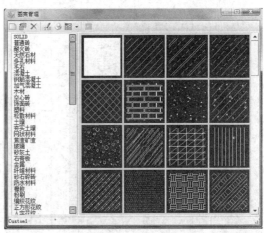

图 19-7　设计素材一　　　　　　　　　　　　图 19-8　设计素材二

　　按国家标准《房产测量规范》自动统计各种房产面积。支持插入标准图框和用户图框(图 19-9和图 19-10),可自动生成图纸目录。

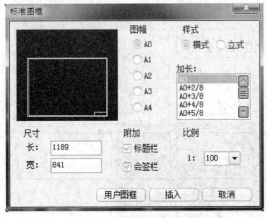

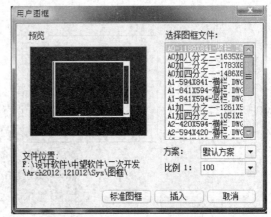

图 19-9　"标准图框"对话框　　　　　　　　图 19-10　"用户图框"对话框

项目四　快速成图

　　具备完善的平立剖设计功能,从轴网、墙、柱、门窗、楼梯、屋顶、阳台、台阶创建到尺寸标注、轴网标注、坐标标注、标高标注、文字、表格,从平面图、立面图、剖面图再到构件详图,中望建筑 CAD 软件都可以轻松绘制完成。立面图和剖面图可从平面图中自动生成,剖面采用自定义对象技术,绘制效率高。中望建筑 CAD 软件高效的在位编辑功能,能直观编辑图面的标注、文字、门窗与墙体等建筑构件,如图 19-11 所示。

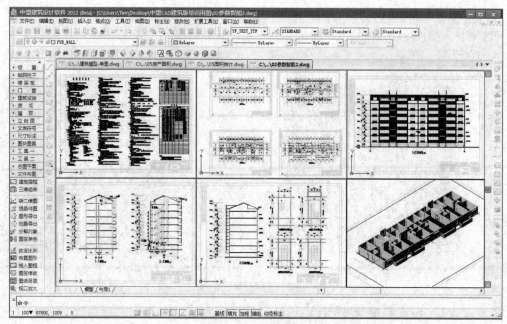

图 19-11　快速成图

项目五　在位编辑

中望 CAD 建筑提供方便、快捷的文字在位编辑功能,可以在不激活任何 CAD 编辑命令的情况下,对文字进行编辑,且提供所见即所得的在位编辑模式,如图 19-12 所示。

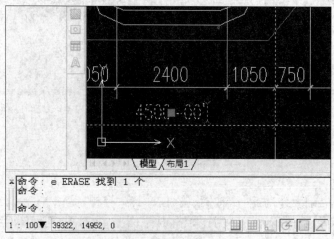

图 19-12　在位编辑

项目六　智剪轴网

施工图设计到最后阶段,需要对图面的轴网进行修剪和整理,以达到图面美观、简洁、清晰的工程图出图标准。中望建筑 CAD 软件提供智剪轴网功能,一键修剪轴网,如图 19-13 所示。

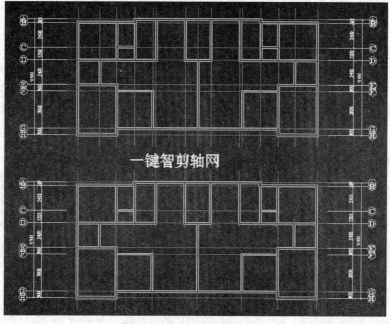

图 19-13　智剪轴网

项目七　门窗收藏

门窗收藏,提供对各种常用门窗的归类整理。门窗库虽然类别丰富,但查找不便。门窗收藏可以对项目中常用门窗样式进行有效管理,收藏夹中的门窗可以从库中选取单个收藏,也可以直接从之前项目图纸中批量提取,如图 19-14 所示。

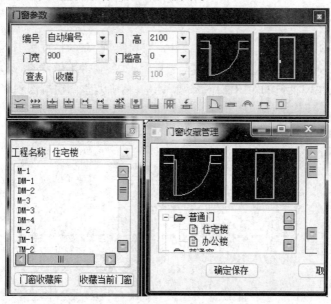

图 19-14　门窗收藏

项目八　门窗整理

门窗整理功能,对全图门窗进行批量或逐个整理,有效管理门窗样式,门窗尺寸。通过门窗整理功能,可以快速发现设计图纸的不合理现象,以醒目的方式提醒用户,对门窗样式进行修改,如图 19-15 所示。

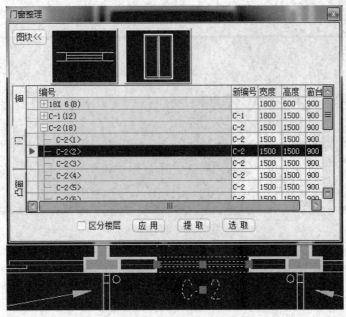

图 19-15　门窗整理

项目九　门窗调位

门窗位置很少能一步到位,在设计时,往往需要反复调,在调整过程中,常常造成位置上的细小错位。这些细小的错位,在进行门窗标注时,图面就显得不够美观,且不符合建筑规范。门窗调位功能可以快速批量的对门窗位置进行调整,精确调整门窗端部到墙角或轴线的距离,如图 19-16 所示。

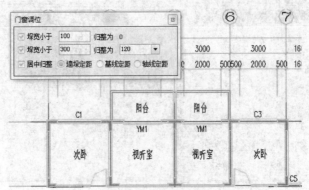

图 19-16　门窗调位

项目十　视口拖动

建筑设计有平面设计,立面设计。中望建筑 CAD 软件提供方便的视口拖动功能,绘图区边缘直接鼠标拖动,创建新视口,【Shift】键 + 鼠标组合,创建分割视口(图 19-17)。多种组合,以满足不同的视图需要。

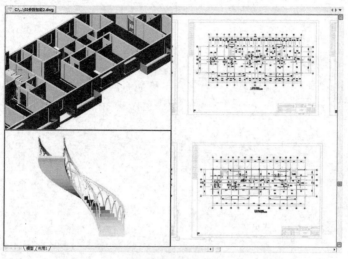

图 19-17　视图拖动

项目十一　户型统计

智能户型统计,可按套型、房间使用面积、套内墙体面积、套内阳台面积、套内建筑面积、分摊面积、建筑面积、一键准确统计,并提供对跃层分项的控制。大大简化户型统计工作量,显著提升工作效率,如图 19-18 所示。

户型统计表(m²)

编号	套型	面积分类(m²)						套数					
		房间使用面积	套内墙体面积	套内阳台面积	套内规范面积	分摊面积	建筑面积	1层	2层	3,4层	5层	6层	合计
1-A	3室2厅2卫	99.07	13.7	0	112.77	16.57	129.34	1					1
1-B	3室2厅2卫	95.24	14.25	0	109.49	16.09	125.58	1					1
1-D	3室2厅2卫	95.24	14.25	0	109.49	16.09	125.58	1					1
1-D	3室2厅2卫	99.07	13.7	0	112.77	16.57	129.34	1					1
2-A	3室2厅2卫	99.07	13.7	0	112.77	16.57	129.34		1				1
2-B	3室2厅2卫	95.24	14.25	0	109.49	16.09	125.58		1				1
2-C	3室2厅2卫	95.24	14.25	0	109.49	16.09	125.58		1				1
2-D	3室2厅2卫	99.07	13.7	0	112.77	16.57	129.34		1				1
3-A	3室2厅2卫	99.07	13.7	0	112.77	16.57	129.34			1X2			2
3-B	3室2厅2卫	95.24	14.25	0	109.49	16.09	125.58			1X2			2
3-C	3室2厅2卫	95.24	14.25	0	109.49	16.09	125.58			1X2			2
3-D	3室2厅2卫	99.07	13.7	0	112.77	16.57	129.34			1X2			2
4-A	3室2厅1卫	99.32	12.37	0	111.69	16.41	128.1				1		1
4-A	2室2厅2卫	78.34	10.23	0	88.57	13.02	101.59					1	1
4-B	3室2厅1卫	95.49	12.92	0	108.41	15.93	124.34				1		1
4-B	2室1厅1卫	77.89	10.68	0	88.57	13.02	101.59					1	1
4-C	3室2厅1卫	95.49	12.92	0	108.41	15.93	124.34				1		1
4-C	2室1厅1卫	77.89	10.68	0	88.57	13.02	101.59					1	1
4-D	3室2厅1卫	99.32	12.37	0	111.69	16.41	128.1				1		1
4-D	2室2厅2卫	78.34	10.23	0	88.57	13.02	101.59					1	1

图 19-18　户型统计

项目十二　坐标标注

　　软件提供智能坐标标注功能,同时还有坐标检查,动态标注等功能,如图 19-19 所示。操作便捷、逻辑严谨、规避出错。

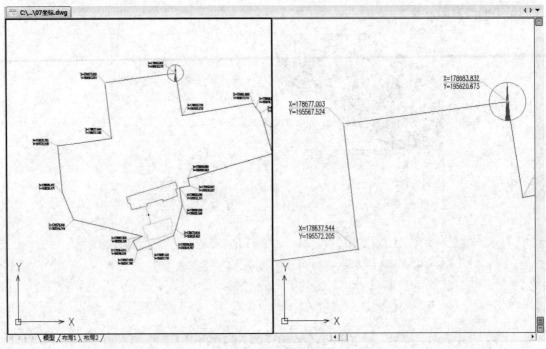

图 19-19　坐标标注

参考文献

[1]赵润平,武维承. AutoCAD 2004 中文版自学教程[M]. 北京:人民邮电出版社,2004.

[2]王磊,郭景全. 道路 CAD[M]. 北京:中国电力出版社,2010.

[3]曾令宜. AutoCAD 2000 应用教程[M]. 北京:电子工业出版社,2000.

[4]管止,陈晓霞. 中文版 AutoCAD 2008 机械制图简明教程[M]. 北京:清华大学出版社,2008.

[5]老虎工作室,姜永,贺松林,等. AutoCAD 2005 中文版基本功能与典型案例[M]. 北京:人民邮电出版社,2005.

[6]夏文秀,倪祥明,胡仁喜. AutoCAD 2007 中文版标准教程[M].3 版. 北京:科学出版社,2006.

[7]胡仁喜,刘昌丽,张日晶. AutoCAD 2010 中文版室内装潢设计从入门到精通[M]. 北京:人民邮电出版社,2010.

[8]李善峰,张卫华,姜勇. AutoCAD 2010 建筑制图基础培训教程[M]. 北京:人民邮电出版社,2010.

[9]孙靖立. 计算机绘图实用教程[M]. 北京:北京理工大学出版社,2005.

[10]老虎工作室,姜永,马永志. AutoCAD 2009 建筑制图基础培训教程[M]. 北京:人民邮电出版社,2010.

[11]老虎工作室,李善锋,张卫华,等. AutoCAD 2010 建筑制图基础培训教程[M]. 北京:人民邮电出版社,2010.

[12]何倩玲,冯强,蔡奕武,等. CAD 2010 基础教程[M]. 北京:中国建筑工业出版社,2011.

[13]王磊,郭景全. 道路 CAD[M]. 北京:中国电力出版社,2010.

[14]丁文华. 建筑 CAD[M]. 北京:高等教育出版社,2007.

[15]黄海力,朱翠红. AutoCAD 2008 建筑设计经典学习手册[M]. 北京:兵器工业出版社,北京希望电子出版社,2008.

[16]吴舒琛. 建筑识图与构造[M]. 北京:高等教育出版社,2006.